砌体及砂浆强度现场检测技术研究应用

主　编　崔士起
副主编　孔旭文　李　龙　崔　珑
　　　　周　鹏　李爱强

中国建设科技出版社 有限责任公司
China Construction Science and Technology Press Co., Ltd.
北　京

图书在版编目（CIP）数据

砌体及砂浆强度现场检测技术研究应用/崔士起主编. --北京：中国建设科技出版社有限责任公司，2025.6. -- ISBN 978-7-5160-4493-3

Ⅰ.TU36；TQ177.6

中国国家版本馆 CIP 数据核字第 2025BU9931 号

砌体及砂浆强度现场检测技术研究应用
QITI JI SHAJIANG QIANGDU XIANCHANG JIANCE JISHU YANJIU YINGYONG
主　编　崔士起
副主编　孔旭文　李　龙　崔　珑　周　鹏　李爱强

出版发行	中国建设科技出版社有限责任公司
地　　址	北京市西城区白纸坊东街 2 号院 6 号楼
邮　　编	100054
经　　销	全国各地新华书店
印　　刷	北京联兴盛业印刷股份有限公司
开　　本	787mm×1092mm　1/16
印　　张	8.25
字　　数	190 千字
版　　次	2025 年 6 月第 1 版
印　　次	2025 年 6 月第 1 次
定　　价	**79.00 元**

本社网址：www.jskjcbs.com，微信公众号：zgjskjcbs
请选用正版图书，采购、销售盗版图书属违法行为
版权专有，盗版必究。本社法律顾问：北京天驰君泰律师事务所，张杰律师
举报信箱：zhangjie@tiantailaw.com　举报电话：(010) 63567684
本书如有印装质量问题，由我社事业发展中心负责调换，联系电话：(010) 63567692

前 言

砌体结构有着悠久的历史，埃及金字塔、中国长城等都属于砌体结构。砌体结构因造价低，施工工艺简单，具有良好的保温、隔热、隔声性能，在我国建筑结构体系中占有重要地位。

为了加强对建筑工程质量的管理，保护人民生命财产安全，我国于1997年11月1日颁布、1998年3月1日起实施《中华人民共和国建筑法》，2000年1月30日颁布实施《建设工程质量管理条例》。虽然建筑工程管理和建筑技术有了很大进步，工程质量有了明显提高，但是工程质量事故还时有发生，加强砌体结构质量监督与控制刻不容缓。

为节约资源、保护环境、消耗工业废物、提高产品质量，保障国民经济和社会的可持续发展，国家鼓励大力发展以煤矸石、粉煤灰、页岩及淤泥等为主要原料生产的新型烧结空心砖、粉煤灰蒸压砖、蒸压灰砂砖、混凝土砖等绿色建筑墙材和高性能预拌砂浆。汶川大地震后，人们对结构的抗震性能更加重视。因对抗地震作用时，砌体沿通缝截面抗剪强度发挥较大作用，砌体结构抗剪性能检测更为重要。

山东省建筑科学研究院有限公司于1999年3月开始进行"砌体结构工程中灰缝砂浆强度现场检测技术研究"。为保证绿色建筑砌体结构的安全，促进绿色建筑砌体健康发展，从2009年开始，山东省建筑科学研究院有限公司对"绿色建筑砌体结构现场检测技术"进行试验研究，采用传统的轴压法、筒压法、砂浆片剪切法、回弹法、点荷法、贯入法等砌体现场检测技术方法对绿色建筑砌体强度、砂浆强度等进行了平行研究。课题组经过认真细致的试验，积累了丰富的资料，总结了碳化深度、龄期、表面状况、外加剂、原材料等对检测参数的影响，确定各检测方法的适用范围和技术要求。研究形成了煤矸石、粉煤灰、页岩及淤泥等新型烧结普通砖和空心砖、粉煤灰蒸压砖、蒸压灰砂砖、混凝土砖等绿色建筑砌体抗压强度、砌体抗剪强度、砂浆抗压强度等现场检测的整套技术，创新探索出钻芯法检测砌体抗剪强度及砌筑砂浆强度技术，解决了砌体抗剪强度检测的关键问题。

山东省建筑科学研究院有限公司一直关注国内外砌体结构现场检测技术的研究动向，在工程实践中总结经验、收集资料，为介绍推广砌体现场检测新技术，总结主要研究成果，汇总全国各地砌体结构现场检测新标准、新技术，精心编写了本书。本书吸收国内外最新研究成果，系统介绍砌体结构现场检测技术，内容包括回弹法、贯入法、砂浆片局压法、筒压法检测砌筑砂浆强度，原位轴压法检测砌体抗压强度，钻芯法检测砌体抗剪强度及砂浆抗压强度等。同时，本书结合《砌体工程现场检测技术标准》（GB/T

50315—2011)、《贯入法检测砌筑砂浆抗压强度技术规程》(DB37/T 2363—2022)、《回弹法检测砌筑砂浆抗压强度技术规程》(DB37/T 2367—2022)、《砂浆片局压法检测砌筑砂浆强度技术规程》(DB37/T 2369—2022)和《钻芯法检测砌体抗剪强度及砌筑砂浆强度技术规程》(DB37/T 2371—2022)等标准和规程,详细介绍各种检测方法原理、影响因素、适用范围、仪器设备、检测操作程序和砌体强度、砌筑砂浆强度评定,为指导检测人员正确运用各种检测方法,列举了大量工程检测实例。希望本书能为广大工程结构检测鉴定、加固、设计、科研、施工、监督监理人员提供帮助,同时本书也将作为山东省 2022 年系列砌体结构现场检测地方标准的宣贯教材使用。

  由于时间仓促,编著水平有限,书中内容难免存在不足之处,我们真诚欢迎读者对本书内容提出宝贵的意见和建议。

编者
2024 年 9 月

目 录
CONTENTS

第1章 概述 ·· 1
  1.1 砌体及砂浆强度现场检测技术在工程建设中的重要作用 ·············· 1
  1.2 砌体及砂浆强度现场检测技术的发展 ·································· 3
  1.3 推广砌体及砂浆强度现场检测技术的意义 ···························· 5

第2章 砌体及砂浆强度现场检测基本知识 ···································· 7
  2.1 基本概念 ··· 7
  2.2 检测程序及工作方法 ·· 8
  2.3 建立砌筑砂浆测强曲线或砌体强度测强曲线的方法 ················ 12
  2.4 砌筑砂浆抗压强度推定 ·· 16

第3章 回弹法检测砌筑砂浆强度技术 ·· 22
  3.1 回弹法概述 ·· 22
  3.2 砂浆回弹仪 ·· 23
  3.3 影响回弹法检测砌筑砂浆强度的主要因素 ·························· 33
  3.4 回弹法检测砌筑砂浆强度技术要点 ·································· 40
  3.5 回弹法检测砌筑砂浆抗压强度测强曲线 ···························· 44

第4章 贯入法检测砌筑砂浆强度技术 ·· 46
  4.1 贯入法概述 ·· 46
  4.2 贯入式砂浆强度检测仪 ·· 46
  4.3 影响贯入法检测砌筑砂浆强度的主要因素 ·························· 49
  4.4 贯入法检测砌筑砂浆强度技术要点 ·································· 53
  4.5 贯入法检测砌筑砂浆强度测强曲线 ·································· 56

第5章 砂浆片局压法检测砂浆强度技术 ···································· 58
  5.1 砂浆片局压法概述 ·· 58
  5.2 砂浆片局压法检测仪 ·· 58
  5.3 影响砂浆片局压法检测砂浆强度的主要因素 ······················ 59

  5.4 砂浆片局压法检测砂浆强度技术要点 …………………………………… 62

第 6 章 钻芯法检测砌体抗剪强度及砌筑砂浆抗压强度技术 …………… 67
  6.1 概述 ……………………………………………………………………… 67
  6.2 钻芯法检测砌体抗剪强度及砌筑砂浆抗压强度试验研究 ………… 68
  6.3 钻芯法检测砌体抗剪强度及砌筑砂浆抗压强度技术要点 ………… 73
  6.4 砌体钻芯法检测数据处理 ……………………………………………… 77

第 7 章 其他砌体工程现场检测技术介绍 ………………………………………… 80
  7.1 概述 ……………………………………………………………………… 80
  7.2 原位轴压法 ……………………………………………………………… 84
  7.3 扁顶法 …………………………………………………………………… 88
  7.4 原位单剪法 ……………………………………………………………… 91
  7.5 原位双剪法 ……………………………………………………………… 93
  7.6 推出法 …………………………………………………………………… 95
  7.7 筒压法 …………………………………………………………………… 97
  7.8 砂浆片剪切法 …………………………………………………………… 99
  7.9 点荷法 …………………………………………………………………… 101
  7.10 砌体强度推定 ………………………………………………………… 102

第 8 章 工程应用实例分析 ………………………………………………………… 104
  8.1 回弹法检测实例 ………………………………………………………… 104
  8.2 贯入法检测实例 ………………………………………………………… 108
  8.3 砂浆片局压法检测实例 ………………………………………………… 113
  8.4 砌体钻芯法检测实例 …………………………………………………… 117
  8.5 原位轴压法检测实例 …………………………………………………… 119
  8.6 筒压法检测实例 ………………………………………………………… 121

参考文献 ……………………………………………………………………………… 123

第1章 概 述

1.1 砌体及砂浆强度现场检测技术在工程建设中的重要作用

砌体结构是砖砌体、砌块砌体、石砌体建造的结构的统称，砌体是将黏土砖、各种砌块或石材等用砂浆砌筑而成的。

砌体结构历史悠久、应用广泛、形式多样，古代具有大量纪念性的建筑物多用砖、石建造。如用巨大石块建成的埃及金字塔一直保存至今，中世纪在欧洲用加工的天然石和砖砌筑拱、券、穹窿和圆顶等结构类型，12~15世纪西欧以法国为中心的哥特式建筑集中了十字拱、骨架券、二圆心尖拱、尖券等结构类型。砌体结构在我国已有几千年的历史，最有代表性的就是万里长城、赵州桥等。

砌体结构是我国最常用的结构类型，这是因为它可以就地取材，具有很好的耐久性及较好的化学稳定性和大气稳定性，有较好的保温隔热性能，较钢筋混凝土结构节约水泥和钢材，砌筑时不需模板及特殊的技术设备，可节约木材。砌体结构的缺点是自重大、体积大，砌筑工作繁重，抗震能力较差。

砌体结构现场检测技术是在已砌筑好的砌体上，采用适当方法对砌块、砌筑砂浆或砌体本身进行强度检验，推定砌块、砌筑砂浆或砌体的强度，判定砌体结构是否满足要求。

建筑工程质量与广大人民群众的生活息息相关，加强对建筑工程质量的管理，保证建筑工程质量，保护人民生命财产安全，具有重要意义。1997年11月1日，《中华人民共和国建筑法》颁布实施（2019年完成第二次修正），2000年1月30日，国务院颁布了《建设工程质量管理条例》（2019年颁布第二次修订）。

虽然建筑工程管理愈加规范，建筑技术有了很大进步，工程质量有了明显提高，但是工程质量事故还时有发生。2004年，山东省某市单层砌体结构倒塌，造成5死多伤的惨剧。2006年，吉林省长春市滨河小区512栋1至7楼阳台全部坍塌，人称长春"楼脱脱"。2009年7月，四川省成都市校园春天小区6、7两栋楼产生倾斜，两栋楼靠在一起成20°夹角，人称成都"楼歪歪"。2009年8月，安徽省合肥市枫丹白鹭湖公馆住宅小区一业主去看房，发现J3栋楼前面的四根承重大立柱出现严重的裂缝，人称合肥"楼断断"。2009年2月，北京美景东方二号楼出现房屋卧室顶板裂缝，经建设主管部门和质量监督部门多次查看，发现此楼存在严重工程问题，人称北京"楼裂裂"。2014年4月，浙江省奉化市五层居民楼倒塌，造成1死6伤惨剧。2020年3月，位于福建省泉州市鲤城区的欣佳酒店所在建筑物发生坍塌事故，造成29人死亡、42人受伤，直接经济损失5794万元。2022年4月，湖南省长沙市望城区金山桥街道金坪社区盘树湾组发生一起特别重大居民自建房倒塌事故，造成54人死亡、9人受伤，直接经济损失

9077.86万元。因此，加强工程结构质量监督与控制刻不容缓。

在建砌体工程，砌体及砌筑砂浆强度的检测与评定应按现行的国家标准《砌体工程施工质量验收规范》（GB 50203—2011）、《建筑工程施工质量验收统一标准》（GB 50300—2013）、《建筑砂浆基本性能试验方法标准》（JGJ/T 70—2009）等执行，即预留边长为70.7mm的标准立方体试块，标准养护，龄期28d时进行抗压强度试验，根据标准立方体试块抗压强度试验结果评定砌筑砂浆强度。

《砌体工程施工质量验收规范》（GB 50203—2011）第4.0.13条规定："当施工中或验收时出现下列情况，可采用现场检验方法对砂浆和砌体强度进行原位检测或取样检测，并判定其强度：①砂浆试块缺乏代表性或试块数量不足；②对砂浆试块的试验结果有怀疑或有争议；③砂浆试块的试验结果，不能满足设计要求。"

随着近代世界人口的急剧增长及工业、交通的迅速发展，地球承受的负担剧增，加上资源的过度消耗和环境的日益恶化，人类的生存受到威胁。1992年，联合国在巴西里约热内卢召开世界环境与发展会议，绿色发展受到全世界的重视。

我国正处在城镇化高速发展的时期，建筑能耗占社会能耗的比重快速增长，目前我国建筑能耗约占全社会总能耗的30%，为推进建筑节能，国务院和有关部门先后颁布《民用建筑节能条例》、《公共建筑节能检测标准》（JGJ/T 177—2009）、《绿色建筑评价标准》（GB/T 50378—2019）、《预拌砂浆应用技术规程》（JGJ/T 223—2010）等标准规程。

目前，我国中小城市及城镇建筑还是以砌体结构为主，砌体是由砌块材料和砂浆粘结而成的，组成砌体的块材和砂浆的力学性能直接影响砌体结构安全性、可靠性。为节约资源、保护环境、消耗工业废物、提高产品质量，保障国民经济和社会的可持续发展，国家鼓励大力发展煤矸石、粉煤灰、页岩及淤泥等主要原料生产的新型烧结空心砖、粉煤灰蒸压砖、蒸压灰砂砖、混凝土砖等绿色建筑墙材和高性能预拌砂浆。

一个存在严重结构安全隐患的建筑，无论装修多么豪华，应用多少节能保温技术，都是不能安全投入使用的，后续的加固处理所耗费的资源可能更多、更大，造成人力物力的浪费。从这个意义上看，结构安全是建筑节能的第一道防线。随着建筑使用年限的增加，由于环境条件、建筑材料自身老化、建筑使用功能改变等各种因素的影响，其安全状态始终处于动态变化中，定期采用结构现场检测技术对结构安全进行"体检"，有助于我们了解建筑结构的状态、安全使用寿命，在结构恶化之前及时采取有效措施，在不利的环境条件下采取适当的防护措施，从而可以避免浪费，节约人力物力资源，贯彻绿色建筑与建筑节能的精神。

新型墙体材料种类多样，出现了多孔砖、空心砌块、加保温层砌块等多种形式；原材料也各不相同，混凝土、蒸压粉煤灰、轻骨料混凝土等都被应用到新型砌块材料中，新型墙体材料原材料、外形尺寸、孔洞及表面状态等变化对砌体的力学性能产生不同程度的影响。砌体强度性能与砌块强度性能、砌筑砂浆强度、砌筑砂浆和易性及砌筑施工方法有直接关系。

一些旧房屋的加固、改造，首先要确定砌体结构强度；当试块强度不能代表工程实际质量时，可应用砌体结构现场检测技术进行质量评定。施工管理中应用现场检测技术可及时发现质量问题，及时采取措施，防患于未然。砌体工程现场检测技术推广应用具有广泛的社会意义。

1.2 砌体及砂浆强度现场检测技术的发展

砌体结构强度是由组成砌体的砌块强度和砂筑砂浆强度以及砌筑质量来决定的。由于砖、石、砌块和砂浆间粘结力较弱，因此无筋砌体的抗拉、抗弯及抗剪强度都很低，这就决定了无筋砌体结构抗震性能很差，在使用上受到一定限制，砖、石的抗压强度不能充分发挥，抗弯能力低。砌体结构质量评价不能只检测砌体抗压强度或砌筑砂浆强度，应该综合考虑砌块强度、砌筑砂浆强度、砌筑质量、砌块种类，同时，构造柱、圈梁以及拉结筋的设置等都非常关键。《砌体工程施工质量验收规范》(GB 50203—2011)把砖和砂浆的强度等级、砌筑质量、拉结筋的设置等作为主控项目，由砖和砂浆的强度等级查表得到砌体抗压强度、抗剪强度。工程现场检测直接对砌体的抗压强度、抗剪强度和砌筑砂浆强度进行评定，检测结果综合反映材料质量和施工质量，可避免弄虚作假对质量评价的干扰。

国内现行砌体及砂浆强度现场检测技术标准有《砌体工程现场检测技术标准》(GB/T 50315—2011)、《贯入法检测砌筑砂浆抗压强度技术规程》(JGJ/T 136—2017)、《择压法检测砌筑砂浆抗压强度技术规程》(JGJ/T 234—2011)。回弹法、贯入法检测砌筑砂浆强度及原位轴压法检测砌件抗压强度技术已使用十多年，技术成熟，检测仪器技术性能稳定，具有损伤小（损伤易修复）、操作快捷的优点，检测结果较准确，适合量大面广的检测。

《砌体工程现场检测技术标准》(GB/T 50315—2011)包括原位轴压法、原位单剪法、原位双剪法、回弹法、点荷法等12种检测方法，此标准中砌筑砂浆回弹法测强曲线沿用原四川地方标准《回弹法评定砖砌体中砌筑砂浆抗压强度技术规程》(DBJ 20—6—90)测强曲线，四川省气候潮湿多雨，山东省属于北方地区，原材料及气候条件与四川省有很大差别；此标准提供的原位单剪法、单砖双剪法用于检测砌体抗剪强度，但操作烦琐，检测部位受限。原位单剪法测点只能选择在窗下墙部位，且要求承受反作用墙体有足够长度。

《贯入法检测砌筑砂浆抗压强度技术规程》(JGJ/T 136—2017)、《择压法检测砌筑砂浆抗压强度技术规程》(JGJ/T 234—2011)两种方法都是通过检测与砌筑砂浆强度有关的物理量，间接推定砌筑砂浆抗压强度，需要先建立测强曲线，考虑我国幅员辽阔，各地原材料、气候条件、施工工艺、养护方法等的差异，标准中都明确规定各地应优先使用地区测强曲线。实际工程检测对比发现以上标准有时存在较大偏差，亟须制定山东地区测强曲线。

目前我国工程建设标准体系中，绿色建筑方面的设计规范编制较多，尚未编制绿色建筑砌体性能现场检测方面的标准规范，由于绿色建筑砌体由高性能砂浆及绿色新型墙体材料组成，其物理特性，如吸水性等指标与传统砌体明显不同，其强度增长机理与传统砌体差别很大，传统的砌体强度现场检测技术不能用于绿色建筑砌体强度的现场检测，从而导致大量的绿色建筑砌体工程在检测鉴定时无相应技术依据，检测手段滞后于工程应用，这也亟须我们对绿色建筑砌体结构强度现场检测技术进行研究，并制定科学合理的检测标准。

砌体结构现场检测技术与绿色建筑、建筑节能具有不可分割的密切联系。绿色建筑与建筑节能技术的深入研究，对建筑材料、施工技术等均将带来深远影响，在此形势下，结构现场检测技术必须同步发展，才能保证绿色建筑与建筑节能技术的发展，促进新型墙体材料又快又好地健康发展。

1999年，山东省建筑科学研究院有限公司承担了砌体结构工程中灰缝砂浆强度现场检测技术研究的科研课题，课题组经过三年系统的试验研究，探讨回弹法、贯入法、劈裂法、筒压强度法检测砂浆强度技术，分析总结了碳化深度、龄期、表面状况、外加剂、原材料等对检测参数的影响，确定各检测方法适用范围和技术要求。2002年12月，此课题通过了山东省科学技术委员会组织的结项验收。在此基础上，课题组主编完成《回弹法检测砌筑砂浆强度技术规程》（DBJ 14—030—2004）、《贯入法检测砌筑砂浆强度技术规程》（DBJ 14—031—2004）。这两本规程均获得山东省建筑工程管理局科技创新一等奖。

为保证绿色建筑砌体的结构安全性，促进绿色建筑砌体健康发展，2009年开始，山东省建筑科学研究院有限公司对绿色建筑砌体结构现场检测技术进行试验研究，取得一些重要的成果，研究出一种新的检测方法，即钻芯法检测砌体抗剪强度及砌筑砂浆强度技术，此方法直接从砌体中钻取芯样，进行芯样沿通缝截面抗剪强度试验，根据砌体芯样抗剪强度换算出砌体抗剪强度及砌筑砂浆抗压强度。采用传统的轴压法、筒压法、砂浆片剪切法、回弹法、点荷法、贯入法等砌体现场检测技术方法对绿色建筑砌体的抗压强度、砂浆强度等进行了平行研究，取得了煤矸石、粉煤灰、页岩及淤泥等新型烧结普通砖和空心砖、粉煤灰蒸压砖、蒸压灰砂砖、混凝土砖等绿色建筑砌体的抗压强度、砌体抗剪强度、砂浆强度等现场检测的整套技术成果。

在总结课题研究成果和工程实践经验的基础上，山东省建筑科学研究院有限公司主编了《回弹法检测砌筑砂浆抗压强度技术规程》（DB37/T 2367—2013）、《贯入法检测砌筑砂浆抗压强度技术规程》（DB37/T 2363—2013）、《砂浆片局压法检测砌筑砂浆抗压强度技术规程》（DB37/T 2369—2013）和《钻芯法检测砌体抗剪强度及砌筑砂浆强度技术规程》（DB37/T 2371—2013），这四项标准于2013年6月发布实施。

根据《山东省市场监督管理局关于公布2020年度地方标准复审结果的通知》（鲁市监通告〔2020〕71号），山东省建筑科学研究院有限公司有限公司负责《回弹法检测混凝土抗压强度技术规程》（DB37/T 2366—2013）等九项标准修订。2022年修订完成《回弹法检测砌筑砂浆抗压强度技术规程》（DB37/T 2367—2022）、《贯入法检测砌筑砂浆抗压强度技术规程》（DB37/T 2363—2022）、《砂浆片局压法检测砌筑砂浆抗压强度技术规程》（DB37/T 2369—2022）和《钻芯法检测砌体抗剪强度及砌筑砂浆强度技术规程》（DB37/T 2371—2022）等九项标准。

随着计算机技术的应用，检测仪器逐步向高、精、尖方向发展。在采用了计算机技术之后，实现了从单一的参数检测到多参数综合分析、从简单的检测数据到直观的检测结果呈现。今后，计算机技术将越来越多地用于工程质量的检测鉴定。

随着新的结构形式及混合结构的不断出现，在进行鉴定时不仅要检测砌体的施工质量，还要检测钢筋施工质量、钢结构施工质量、混凝土施工质量等。《砌体结构设计规范》（GB 50003—2011）增加许多抗震要求，包括圈梁、拉结筋设置，门窗洞口处防裂等，同时，部分结构鉴定时需要进行结构验算，之后才能对结构的工程质量进行最后认定。

在进行既有建筑物的质量检测，以及对遭受化学腐蚀、火灾等建筑物的质量进行检测时，还要对建筑的损伤程度及剩余使用寿命和结构安全性进行评估。从工程质量检测向结构评估方向发展。除此之外，还要对非结构质量进行鉴定，如装饰工程中的外墙饰面砖施工质量、玻璃幕墙施工质量和房屋渗漏等。随着住房制度改革和住宅商品化的深入，以及保险业的介入，砌体结构现场检测将会从单项检测向整栋建筑物的质量鉴定方向发展。

将无损检测结果作为工程质量的验收依据，是有效地控制工程质量的重要手段，可以杜绝取样试验的弄虚作假现象，大大改善我国的工程质量状况。目前已有一些地方和单位对施工的工程采用无损检测结果作为验收的依据，保证了工程质量不失控。这是一项政策性很强的工作，目前还有一些技术问题，例如如何保证检测结果的精度，如何取得与取样检验一样的验收效果，如何与有关标准规范相协调等。

1.3　推广砌体及砂浆强度现场检测技术的意义

砌体工程现场检测技术可以直接在砌体结构上检测砌体力学性能，具有直接、灵活、快速、准确等一系列优点，推广使用砌体工程现场检测技术有着重大的意义。

1. 提高工程质量监督、检测水平

（1）质量监督部门对砌体工程质量有怀疑时，可应用砌体工程现场检测技术及时对现场的砌体工程进行检测，以确定工程质量是否满足设计要求，有问题时及时处理，免除后患。

（2）质量检测部门可定期对正在施工的砌体工程质量进行抽样检测，督促施工单位提高施工质量。

（3）当施工单位制作试块和实际构件差别较大，或施工单位未留置试块及试块留置数量不足时，质量监督、检测或监理单位均可采用砌体工程现场检测技术对工程实际质量进行检测，完成施工质量评定。

2. 有利于施工单位提高管理水平

（1）施工单位采用砌体工程现场检测技术检测砌体或砌筑砂浆质量，能及时发现施工中产生的问题，及时采取措施，防患于未然。

（2）施工单位采用砌体工程现场检测技术，能掌握砌体结构中砌筑砂浆的即时强度，确定施工进度，节省工期。

3. 为旧房屋加固、改造及事故分析提供可靠的数据

（1）新中国成立初期所建设的一大批工业与民用建筑，经过几十年的使用，有的已经严重老化，老建筑物的质量检测鉴定任务越来越重，而且砌体结构在这些老建筑物中占的比例很大，推广应用砌体工程现场检测技术，能为这些建筑物的鉴定处理提供更为准确、可靠的技术数据。

（2）很多建筑在交付使用后发现了工程质量问题，对于这些建筑的工程事故进行分析处理时，首先要确定的就是砌体结构的强度，应用砌体工程现场检测技术可以快速、准确地测定出砌体及砌筑砂浆的实际强度，帮助确定工程事故的原因，同时为质量事故处理提供可靠的数据。

（3）对永久性或纪念性建（构）筑物进行跟踪管理时，采用砌体工程现场检测技术，可准确判断这些建（构）筑物所处的状态是否正常。

推广使用砌体工程现场检测技术，将大大提高我国砌体工程的检测技术水平，为工程质量的监督、控制及工程事故分析处理提供准确数据，为大幅度提高建筑工程质量打下坚定的基础。

第 2 章　砌体及砂浆强度现场检测基本知识

2.1　基本概念

（1）建筑结构检测：为评定建筑结构工程的质量或鉴定既有建筑结构的性能等所实施的检测工作。

（来源：GB/T 50344—2019，2.1.1）

（2）检测批：检测项目相同、质量要求和生产工艺等基本相同，由一定数量构件等构成的检测对象。（本书中指材料品种和强度等级相同，原材料、配合比、施工工艺、养护条件基本一致且龄期相近，总量不大于 250 m³ 的砌体构成的检测对象。）

（来源：GB/T 50344—2019，2.1.2）

（3）抽样检测：从检测批中抽取样本，通过对样本的测试确定检测批质量的检测方法。

（来源：GB/T 50344—2019，2.1.3）

（4）非破损检测方法：在检测过程中，对结构既有性能没有影响的检测方法。

（来源：GB/T 50344—2019，2.1.6）

（5）局部破损检测方法：在检测过程中，对结构既有性能有局部和暂时的影响，但可修复的检测方法。

（来源：GB/T 50344—2019，2.1.7）

（6）复检：为验证检测数据的有效性，对已受检的对象所实施的现场检测。

（来源：GB/T 50784—2013，2.1.5）

（7）补充检测：为补充已获得的数据所实施的现场检测。

（来源：GB/T 50784—2013，2.1.6）

（8）重新检测：不计入已有的检测数据和结果，以新的检测数据和结果为准的现场检测。

（来源：GB/T 50784—2013，2.1.7）

（9）直接测试方法：直接获得待判定参数数值的检测方法。

（来源：GB/T 50784—2013，2.1.8）

（10）间接测试方法：利用间接的参数并经换算关系获得待判定参数数值的检测方法。

（来源：GB/T 50784—2013，2.1.9）

（11）随机抽样：使检验批中每个个体具有相同被抽检概率的抽样方法。

（来源：GB/T 50784—2013，2.1.14）

（12）约定抽样：由委托方指定且不满足随机抽样原则的样本抽取方法。

（来源：GB/T 50784—2013，2.1.15）

（13）样本：按一定程序从总体（检测批）中抽取的一组（一个或多个）个体。

（来源：GB/T 50344—2019，2.1.51）

（14）个体：可以单独取得一个检测数据代表值的区域或构件，本书中指同楼层的独立柱或两相邻墙体之间面积不大于 25m² 的墙体。

（来源：GB/T 50344—2019，2.1.52）

（15）单个构件检测：对独立个体进行的检测。

（来源：DB37/T 2367—2022，6.1.2.1）

（16）样本容量：样本中所包含的个体的数目。

（来源：GB/T 50344—2019，2.1.53）

（17）样本均值：样本 X_1，X_2，…，X_N 的算术平均值。

（来源：GB/T 50344—2019，2.1.48）

（18）样本方差：样本分量与样本均值之差的平方和为分子，分母为样本容量减 1。样本方差是描述一组数据变异程度或分散程度大小的指标。

（来源：GB/T 50344—2019，2.1.49）

（19）标准差：随机变量方差的正平方根。

（来源：GB/T 50344—2019，2.1.47）

（20）标准值：随机变量具有 95% 保证率的特征值，本文中也称之为分布函数 0.05 分位值。

（来源：GB/T 50344—2019，2.1.54）

（21）分位数：与随机变量连续分布函数的某一概率相对应的点，结构检测中常用的分位数有 0.5 分位和 0.05 分位数。

（来源：GB/T 50784—2013，2.1.19）

（22）砂浆测区强度换算值：由构件现场检测所得参数，通过测强曲线计算得到的砌筑砂浆抗压强度值，相当于被测构件测试部位在所处条件及龄期下，边长为 70.7mm 立方体砂浆试块的抗压强度值。

（来源：DB37/T 2367—2022，3.6）

（23）强度推定值：按照《砌体结构工程施工质量验收规范》（GB 50203—2011）及相关标准中有关规定，对各测区或测点强度换算值进行整理后，得出的检测批或单个构件的砌体强度值或砌筑砂浆强度值。

（来源：DB37/T 2367—2022，3.7）

2.2 检测程序及工作方法

2.2.1 检测准备工作

砌体结构现场检测开始前，检测人员要与工程有关各方认真沟通，明确检测目的、内容及范围，调查工程基本情况，确定采用何种检测方法，然后根据相关标准要求，确定检测方案，检查仪器设备。具体检测工作程序如图 2-1 所示。

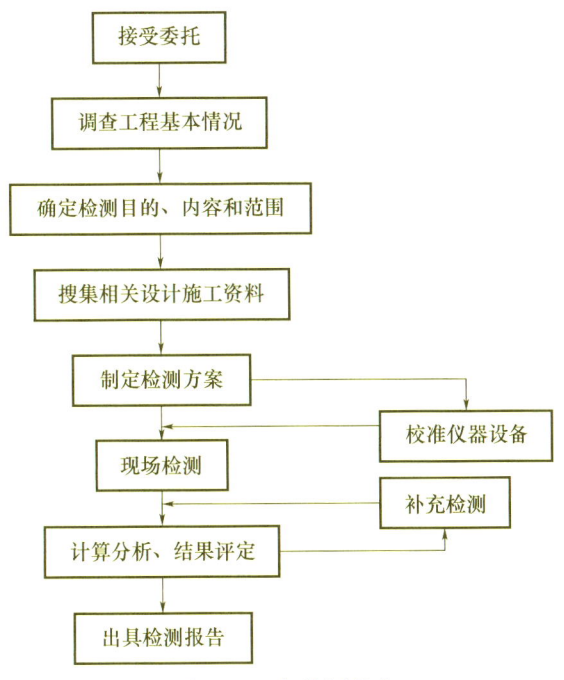

图 2-1 现场检测程序

现场检测前应制定完备的检测方案,检测方案应征求委托方意见。

检测前应检查仪器设备,确保检测所用仪器设备在检定或校准周期内,并处于正常状态。仪器设备精度应满足检测项目的要求。

检测数据计算、分析和强度推定过程中,出现异常情况或检测数据不足时,还应进行重新检测或补充检测。

检测设备、仪器应按相关标准和产品说明书规定进行保养和校准。

检测开始前宜收集下列资料:

(1) 工程名称及设计单位、施工单位、建设单位和监理单位名称。

(2) 工程图纸、施工验收资料、施工及验收时间、环境条件、砌筑质量、养护情况及工程使用情况。

(3) 砂浆品种、强度等级和配合比,有条件时还要收集水泥、砂、外加剂或掺合料试验报告,了解用水质量,施工计量情况等。

(4) 砌块品种、尺寸、强度等级及试验资料。

(5) 存在问题及检测原因。

现场检测工作结束后,应及时修补因检测造成的结构或构件局部的损伤。修补后的结构构件,应满足结构正常使用和承载力的要求。

现场检测应采取确保人身安全和防止仪器损坏的安全措施,同时采取避免或减轻环境污染的措施。

2.2.2 检测方式和抽样方法

1. 国家标准规定

《砌体工程现场检测技术标准》(GB/T 50315—2011)将检测对象划分成一个或若

干个检测单元,每一检测单元不宜少于 6 个测区,将单个构件(单片墙体、柱)作为一个测区。当检测单元不足 6 个构件时,将每个构件作为一个测区。在每一测区内随机布置若干测点。不同方法测点数不同。

2. 山东省地方标准规定

山东省地方标准中以单个构件(单片墙体、柱)作为独立样本;大型结构按施工顺序可划分为若干个检测区域,每个检测区域作为一个独立构件,即独立样本。

根据检测区域数量及检测需要,选择检测方式。通常情况下,砌体结构现场检测采用单个构件检测或按批抽样检测,按批抽样检测时,宜随机抽取样本。当不具备随机抽样条件时,可按约定方法抽取样本。

单个构件检测适用于单个柱、梁、墙、基础等构件检测。按单个构件检测时,其检测结论不得扩大到未检测的构件或范围。下列情况时,检测对象可以是单个构件或部分构件:①委托方指定检测对象或范围;②因环境侵蚀或火灾、爆炸、高温以及人为因素等造成部分构件损伤时。

按批抽样检测适用于检测批砌体或砌筑砂浆强度的检测。

3. 随机抽样检测

抽样检验分为计数抽样检验和计量抽样检验。

(1)计数抽样检验。

计数抽样检验只把样本中的每个单位产品区分为合格品、不合格品,或者合格、不合格、计算样本中出现的不合格品数或不合格数,并与抽样方案的接收数对比,判断批是否接收。

(2)计量抽样检验。

计量抽样检验是根据不同质量特性值的样本均值或样本标准差来判断一批产品是否合格。适用于检验单位产品质量特性呈正态分布的情况。

(3)计数抽样检验与计量抽样检验的区别。

与计数抽样相比,计量抽样检验所需的样本量少,获得的信息多。但是,对样本质量特性的计量和测定比检查产品是否合格所需的时间长、工作量大、费用高,并需要具备一定的设备条件,判断程序比较复杂。

当检验指标多时,采用计量抽样检验是不合适的,因为每个特性值都需要单独考虑。对大多数检验指标采用计数抽样检验,仅对一两个重要指标采用计量抽样检验,两者配合,效果较好。

《计量抽样检验程序 第 1 部分:按接收质量限(AQL)检索的单一质量特性和单个 AQL 的逐批检验的一次抽样方案》(GB/T 6378.1—2008)引言说明:本部分规定了计量一次抽样检验方案的验收抽样系统,它以接收质量限(AQL)为索引,本部分是《计数抽样检验程序 第 1 部分:按接收质量限(AQL)检索的逐批检验抽样计划》(GB/T 2828.1—2012,以下简称:标准 GB/T 2828.1—2012)的补充。

标准 GB/T 2828.1—2012 适用于计量抽样检验。此标准的最大特点是抽样方案的宽严度可以随交验批产品质量不同而进行调整,标准中提出正常检验、加严检验、放宽检验三个概念,定义如下。

1. 正常检验（Normal Inspection）

当过程平均优于接收质量限时，所使用的一种能保证批高概率接收的抽样方案的检验。

注：当没有理由怀疑过程平均不同于规定的接收质量限时，进行正常检验。

2. 加严检验（Tightened Inspection）

使用比相应正常检验抽样方案接收准则更严厉的接收准则的一种抽样方案的检验。

注1：通常情况下，保持样本量不变，通过减小接收数来生成加严检验的抽样方案；当正常检验抽样方案的接收数为0和部分接收数为1的情况时，要通过增加样本量来生成加严检验的抽样方案。

注2：当预先规定的连续批数的检验结果表明过程平均可能比接收质量限劣时，进行加严检验。

3. 放宽检验（Reduced Inspection）

使用样本量比相应正常检验抽样方案的样本量小，接收准则和正常检验抽样方案的接收准则相差不大的一种抽样方案的检验。

注1：放宽检验的鉴别能力比正常检验低。

注2：当预先规定连续批数的检验数据表明过程平均明显优于接收质量限时，可进行放宽检验。

将这三个概念应用于工程结构现场检测中，对于施工资料完善，砌块及砂浆立方体试块检测结果合格，或砌块及砂浆立方体试块检测结果缺失的情况，可以按照正常检验执行。

对于施工资料不完善，或砌块及砂浆立方体试块检测结果不合格，或者已经发现砌体结构质量问题的情况，应按加严检验执行。

对于施工资料完善，砌块及砂浆立方体试块检测结果合格，已获得资料未显示砌体强度不符合质量要求的情况下，可按放宽检验执行。

按照此原则，工程结构砂浆强度检测抽测构件最小数量应符合表2-1的规定，正常检验对应检测类别B，加严检验对应检测类别C，放宽检验对应检测类别A。

表2-1 检验批最小样本容量

检验批的容量	检测类别和样本最小容量			检验批的容量	检测类别和样本最小容量		
	A	B	C		A	B	C
5~8	2	2	3	91~150	8	20	32
9~15	2	3	5	151~280	13	32	50
16~25	3	5	8	281~500	20	50	80
26~50	5	8	13	501~1200	32	80	125
51~90	5	13	20				

1. 检测类别A适用于施工资料完善，且已有资料结果合格，采取放宽检验的情况；
2. 检测类别B适用于施工资料完善，需要进一步确定混凝土质量状况的工程质量检测，采取正常检验的情况；
3. 检测类别C适用于施工资料不完善，或已有资料结果不合格，或现场发现存在问题较多，采取加严检验的情况；
4. 无特别说明时，样本单位为构件。

2.3 建立砌筑砂浆测强曲线或砌体强度测强曲线的方法

2.3.1 试验要求

砌体结构现场检测严格来说属于间接检测法，需要预先建立测强曲线，确定现场检测参数与被测强度之间的对应关系，制定测强曲线的单位，需具有见证取样和主体结构检测的资质。

先对本地区常用砌体材料进行调研，原材料选择以本地区常用材料为主，同时考虑本地可持续发展的要求，重点考虑绿色建筑、新型墙材的应用，选择本地区推广应用的新型墙体材料。

砂浆强度等级包括M1、M2.5、M5、M7.5、M10、M15、M20，水泥砂浆、混和砂浆及其他种类砂浆，砌块包括烧结普通砖、烧结多孔砖、混凝土实心砖、混凝土多孔砖及其他本地区常用砌块材料。

确定所需原材料后，应尽量一次备齐各种材料，按相关标准要求对所需原材料进行检测，原材料性能应符合标准要求。

砌体施工应由有经验的专业砌墙工完成，控制砌体砌筑为B级水平。

砌体及试件施工工艺、养护方法等方面应与本地区施工单位常用做法尽量一致。

试验人员应熟悉各种现场检测试验方法和操作步骤，熟悉砂浆立方体试块抗压强度试验方法和砌体基本力学性能试验方法，了解所采用仪器的性能，并能熟练操作。

2.3.2 砌体及试件的制作和养护

《建筑砂浆基本性能试验方法》（JGJ 70—1990）规定制作砂浆立方体抗压强度试块采用底模为吸水率不大于10%，含水率不大于2%的普通黏土砖。此标准应用始于1990年，我国现有一大批老建筑都是按此标准制作的试块进行验收的。

《建筑砂浆基本性能试验方法标准》（JGJ/T 70—2009）规定制作砂浆立方体抗压强度试块采用钢底模或塑料底模。采用钢底模或塑料底模同一配合比砂浆试块的强度离散性减小，但由于各种砌块材料吸水率、吸水速度的不同，砌体中砌筑砂浆实际强度出现较大差异；大量试验证明：同样配比改用钢底模或塑料底模后砂浆试块抗压强度降低50%~70%，为与《砌筑砂浆配合比设计规程》（JGJ 98—2000）相匹配，规定将钢底模或塑料底模制作试块测出的强度乘以1.35，作为强度值。

现场检测砌体结构因房屋建造时间不同，在《建筑砂浆基本性能试验方法标准》（JGJ/T 70—2009）实施前后，砂浆抗压强度试块制作方法不同，不同方法制作试块没有可比性，在确定砌筑砂浆现场检测测强曲线时，不同方法制作砂浆试块抗压强度不同，所确定的测强曲线必然不同。

为区分不同底模制作试块的不同，以及提高测强曲线精度，山东省建筑科学研究院有限公司分别按《建筑砂浆基本性能试验方法》（JGJ 70—1990）和《建筑砂浆基本性能试验方法标准》（JGJ/T 70—2009）制作砂浆立方体抗压强度试块，回归确定两种底模对应的砌筑砂浆强度检测测强曲线。

试块制作、养护具体步骤如下：

（1）砌体施工应满足《砌体工程施工及验收规范》（GB 50203—2011）的要求。根据试验成型计划一次进够所需原材料，包括水泥、砂、砖、石灰膏等，对原材料进行检验，做好检验记录，保证原材料满足试验研究要求。

（2）根据《砌筑砂浆配合比设计规程》（JGJ 98—2000）要求结合施工经验，计算各强度等级砂浆配合比。试验砂浆严格按计算配合比搅拌。

（3）试验砌体尺寸每一类型至少高 1m，长 3m，厚 0.24m，砌筑墙体的同时砌筑 240mm×370mm×720mm 标准抗压试件和 240mm×370mm×180mm 标准抗剪试件，成型 70.7mm×70.7mm×70.7mm 砂浆试块，每一种类型砌体、每一龄期不少于 1 组，试验计划应不少于 3 个龄期。

（4）考虑实际工程龄期不同，施工和验收规范的要求不同，成型 70.7mm×70.7mm×70.7mm 砂浆试块时，考虑《建筑砂浆基本性能试验方法》（JGJ 70—1990）与《建筑砂浆基本性能试验方法》（JGJ/T 70—2009）的不同要求，砂浆试模采用两种，每种试模同条件制作边长为 70.7 mm 立方体砂浆试件，同一龄期试件宜在同一天内成型完毕。

（5）在成型后的第二天，将标准试件及试块移至墙体附近同条件养护，因材料种类较多，应对砌体进行编号，编号应注明：砌块及砂浆材料种类、强度等级、砌体制作日期。

例：Q1：Y-S-M5，DKZ-MU10，2000/4/20。

代表：砌体编号为 Q1，预拌、水泥砂浆强度等级 M5，烧结多孔黏土砖强度等级 MU10，制作日期 2000 年 4 月 20 日。

砂浆编号只需注明对应砌体墙段编号，例：Q1、Q17，表示对应墙段编号为 Q1 号墙、Q17 号墙。

2.3.3 试验所用仪器设备

根据检测方法不同，试验用仪器设备也不同，一般常用仪器设备包括砂浆回弹仪、砂浆强度贯入仪、砂浆强度点荷仪、承压筒、择压法（或砂浆片局压法）专用测试仪、钻芯机、原位压力机、压力试验机或万能材料试验机等。

所有计量仪器均应校准合格，技术性能和测试精度应符合相关标准要求。

2.3.4 试验步骤

砌体试验时，测区布置、测点选择等应符合相关标准要求。

在每个龄期内可按顺序依次进行下列项目检测：

①砌体砂浆强度回弹法、碳化深度试验；②砌体砂浆强度贯入法试验；③从砌体中取砂浆片，加工后进行砂浆强度点荷法试验；④砂浆片局压法试验；⑤砂浆筒压法试验；⑥砌体结构中多种块材强度试验；⑦砌体原位轴压试验；⑧砌体中钻取芯样，加工芯样后，进行钻芯抗剪强度试验；⑨70.7mm 砂浆立方体试块抗压强度试验；⑩240mm×370mm×720mm 标准砌体抗压强度；⑪240mm×370mm×180mm 标准砌体抗剪强度试

验。为防止同一测点重复检测，回弹法、贯入法每一测点检测后用粉笔圈出。

当然，试验项目应根据需要建立何种测强曲线确定，如建立砌筑砂浆回弹法测强曲线仅进行①、⑨两个项目检测；建立砌体抗剪强度测强曲线仅进行⑧、⑨、⑪三个项目检测。

试验过程中可取的资料有：①水泥、砂、石灰膏、砖等原材料试验数据；②砌筑砂浆回弹值、碳化深度值；③砌筑砂浆贯入深度值；④砌筑砂浆点荷值及相关数据；⑤砌筑砂浆片局压值及相关数据；⑥砂浆筒压强度值；⑦砌块抗压强度值；⑧砌体原位轴压试验数据；⑨砌体芯样抗剪强度值；⑩70.7mm砂浆立方体试块抗压强度值；⑪240mm×370mm×720mm标准砌体抗压强度值；⑫240mm×370mm×180mm标准砌体抗剪强度值。

2.3.5 试验数据的处理

在一批试验数据中，如混有异常数据（或称坏值），则必然会影响试验结果，另外，由于在特定条件下试验量测的随机波动性，致使测量数据有一定的分散性。如果人为地剔除一些误差较大的，但不属于异常的数据，这样会造成虚假的高精度，因此，必须正确地剔除异常数据。

在本试验中，所采用的剔除方法主要有两种，分别简述如下。

（1）依据拉依达准则：根据偶然误差正态分布理论，把误差大于3倍标准差的测点剔除。

试验数据的总体 x 是正态分布的，则：

$$p(|x-\mu|>3\sigma) \leqslant 0.003 \tag{2-1}$$

其中，μ 与 σ 分别表示正态总体的数学期望和标准差。因此，在试验数据中出现 $\mu+3\sigma$ 或小于 $\mu-3\sigma$ 数据点的概率是很小的。根据上式，对大于 $\mu+3\sigma$ 或小于 $\mu-3\sigma$ 的实验数据，作为异常数据予以剔除。

如对试验数据 χ_1、χ_2、…、χ_n，先算出均值 $\bar{x}$：

$$\bar{x} = \frac{1}{n}\sum_i x_i \tag{2-2}$$

再计算残差 $v_i = \chi_i - \bar{\chi}$ （$i=1, 2, …, n$）。

标准差：

$$\sigma = \sqrt{\frac{1}{n-1}\sum_{i=1}^{n}(x_i-\bar{x})^2} \tag{2-3}$$

若某个测量值 χ_d 的残差 v_d（$1 \leqslant d \leqslant n$）满足下式：

$$|v_d| > 3\sigma \tag{2-4}$$

作为极限误差，则认为 χ_d 是异常数据，予以剔除。

（2）利用直角坐标系中散点图与拟合曲线对比，剔除个别偏离较远的点。用这种剔除方法，被剔除的试样个数控制在小于3%，以达到剔除个数较少，拟合方程各项指标最佳。

2.3.6 确定测强曲线

为了建立现场检测参数与待检测强度之间的关系曲线，应对诸多的影响因素和检测参数做如下分析处理。

（1）可连续量测的参数，如回弹值 R、碳化深度 d、砌筑砂浆抗压强度 f_{cu} 等列为测强曲线的基本变量，用来进行数理统计，求得测强曲线的拟合方程。

（2）不能连续测量或只能做定性分析的因素，如水泥品种与强度等级、配合比、外加剂、成型条件、养护方法及表面状态等，先根据检测原理进行定性分析，再分别建立各自的测强曲线，通过对比，舍弃一些不显著影响因素，合并一些相关因素，努力使建立的曲线科学准确，适用范围广泛。

确定测强曲线方法如下。

1. 建立原始数据库

运用计算机编写专用数据处理程序。将原始数据顺序输入，建立包括制作单位、制作日期、试验日期、回弹值、碳化深度、贯入深度值、芯样抗剪强度值、砂浆立方体抗压强度、标准砌体抗剪强度、养护方法、掺入外加剂情况等的数据库。

2. 拟合方程的运算程序及回归效果分析

在试验研究中，一元回归可选取如下的方程式：

（1）直线函数：$y = a + bx$；

（2）双曲函数：$\dfrac{1}{y} = a + b\dfrac{1}{x}$；

（3）幂函数：$y = ax^b$；

（4）指数函数：$y = ae^{bx}$ 或 $y = ae^{\frac{b}{x}}$；

（5）对数函数：$y = a + b\ln x$；

（6）多项式：$y = \beta_0 + \beta_1 x + \beta_2 x^2 + \cdots + \beta_n x^i + \varepsilon_i$。

二元回归可选取如下的方程形式：

（1）指数函数：$y = ae^{bx_1 + cx_2}$ 或 $y = ae^{\frac{b}{x_1} + \frac{c}{x_2}}$；

（2）双曲函数：$\dfrac{1}{y} = a + b\dfrac{1}{x_1} + c\dfrac{1}{x_2}$；

（3）对数函数：$y = a + b\ln x_1 + c\ln x_2$；

（4）幂函数：$y = ax_1^b x_2^c$；

（5）幂指函数：$y = ax_1^b e^{cx_2}$ 或 $y = ae^{x_1} x_2^b$；

（6）负指数函数：$y = ax_1^b \cdot 10^{-cx_2}$。

国内在"回弹法"中，大都采用负指数 10^{-cx} 的形式；当 x 由 0 开始逐渐增大时，可获得小于 1.0 的相当于碳化影响的强度修正系数，其物理概念比较直观明确，便于理解。同时当碳化深度增大到一定值以后，碳化作用对强度的影响已趋平缓。这是一种能自动衰减且能较好地符合碳化影响规律的实际情况的数学模式，山东省回弹法检测砌筑砂浆强度地区测强曲线采用了这一模式。

贯入法检测因贯入深度值与砂浆立方体抗压强度为反比关系，即贯入深度值越大，砂浆立方体抗压强度越小，所以，采用幂函数 $y = ax^b$，其中 b 为负数，且小于 −1.0。

在选定拟合数学模式后，采用变量变换的方法，把非线性关系化成线性关系，然后，按数理统计最小二乘法原理，编写回归分析程序，由计算机直接调用已存在于数据库中的数据进行回归分析。对每批数据均采用多种回归方程，选择其中相关系数最大，相对标准差最小的拟合方程作为测强曲线。

3. 回归线的精度

一元回归和二元回归采用复相关系数 R 和标准差 S 表示回归线的精度，相关系数绝对值 $|R|$ 越接近1，自变量与因变量相关关系越显著，S 值越小，回归线预报因变量值愈精确。为了对回归结果进行直观的观察、分析，可在计算机上观察散点分布情况及各拟合曲线对比情况。

通常评价回归方程精度的指标如下。

（1）相关系数：
$$R = \frac{L_{xy}}{\sqrt{L_{xx}L_{yy}}} \tag{2-5}$$

（2）标准差：
$$S = \sqrt{\frac{1}{n-m-1}\sum_{i=1}^{n}(y_i - \hat{y})^2} \tag{2-6}$$

（3）平均相对误差：
$$\delta = \pm \frac{1}{n}\sum_{i=1}^{n}\left|\frac{y_i}{\hat{y}_i} - 1\right| \times 100\% \tag{2-7}$$

（4）相对标准差：
$$e_r = \sqrt{\frac{1}{n-1}\sum_{i=1}^{n}\left(\frac{y_i}{\hat{y}_i} - 1\right)^2} \times 100\% \tag{2-8}$$

式中　δ——回归方程式的强度平均相对误差，精确至 0.1%；

　　　e_r——回归方程式的强度相对标准差，精确至 0.1%；

　　　y_i——由第 i 个试块标准试验得出的强度值，精确至 0.1MPa；

　　　$\hat{y}_i$——对应于第 i 个试块现场检测的强度换算值，精确至 0.1MPa；

　　　n——制定回归方程式的数据总数；

　　　m——回归方程式中自变量数量（适用于多元回归）。

2.4　砌筑砂浆抗压强度推定

2.4.1　不同版本标准的差异

砌筑砂浆强度现场检测都采用间接检测方法，通过预先确定的测强曲线，建立所检测物理量与砂浆立方体抗压强度之间一一对应关系，检测时根据所检测物理量的值换算出测区砂浆强度换算值。每一测区的砂浆强度换算值相当于被测构件测试部位在所处条件及龄期下，边长为 70.7mm 立方体砂浆试块的抗压强度值。

1.《砌体结构设计规范》2001 版本与 2011 版本的差异

《砌体结构设计规范》（GB 50003—2011）第 3.1.3 条将砌筑砂浆按强度不同，分若干强度等级：M15、M10、M7.5、M5、M2.5 或 Ms15、Ms10、Ms7.5、Ms5 或 Mb20、Mb15、Mb10、Mb7.5、Mb5。同时注明：确定砂浆强度等级时应采用同类块体为砂浆强度试块底模。

《砌体结构设计规范》(GB 50003—2001) 第 3.1.1 条第 5 款注：确定砂浆强度等级时应采用同类块体为砂浆强度试块底模。

2.《砌体结构工程施工质量验收规范》2002 版本与 2011 版本的差异

《砌体结构工程施工质量验收规范》(GB 50203—2011) 于 2012 年 5 月 1 日起实施，在此之前执行 2002 版《砌体结构工程施工质量验收规范》(GB 50203—2002)。因《砌体结构工程施工质量验收规范》(GB 50203) 2002 版本与 2011 版本关于砌筑砂浆试块强度合格标准的规定是不同的，在推定砌筑砂浆抗压强度时，砌筑砂浆强度推定方法应与施工时依据的验收规范协调一致，所以现场检测砌筑砂浆强度推定也必然不同。具体到时间：2012 年 5 月 1 日以前施工的工程，按照《砌体结构工程施工质量验收规范》(GB 50203—2002) 验收，砌筑砂浆强度推定方法与 2002 版本标准一致；2012 年 5 月 1 日以后施工的工程，按照《砌体结构工程施工质量验收规范》(GB 50203—2011) 验收，砌筑砂浆强度推定方法与 2011 版本标准一致。

不同版本标准的差异内容如下：

《砌体结构工程施工质量验收规范》(GB 50203—2002) 第 4.0.12 条规定：砌筑砂浆试块强度验收时其强度合格标准必须符合以下规定。

(1) 同一验收批砂浆试块抗压强度平均值必须大于或等于设计强度等级所对应的立方体抗压强度；

(2) 同一验收批砂浆试块抗压强度的最小一组平均值必须大于或等于设计强度等级所对应的立方体抗压强度的 0.75 倍。

注：①砌筑砂浆的验收批，同一类型、强度等级的砂浆试块应不少于 3 组。当同一验收批只有一组试块时，该组试块抗压强度的平均值必须大于或等于设计强度等级所对应的立方体抗压强度。

②砂浆强度应以标准养护，龄期为 28d 的试块抗压试验结果为准。

抽检数量：每一检验批且不超过 250m³ 砌体的各种类型及强度等级的砌筑砂浆，每台搅拌机应至少抽检一次。

检验方法：在砂浆搅拌机出料口随机取样制作砂浆试块（同盘砂浆只应制作一组试块），最后检查试块强度试验报告单。

《砌体结构工程施工质量验收规范》(GB 50203—2002) 条文说明第 4.0.12 条解释如下："《砌体结构设计规范》(GB 50003—2001) 对砂浆强度等级是按试块的抗压强度平均值定义的，并在此基础上考虑砂浆抗压强度降低 25% 的条件下确定砌体强度。并且《建筑工程质量检验评定标准》(GBJ 301—88) 采用此评定方法已多年，实践证明，满足结构可靠性的要求，故本规范采用此方法来评定砂浆强度的施工质量。"

2011 年，《砌体结构工程施工质量验收规范》(GB 50203—2011) 发布，自 2012 年 5 月 1 日起实施，原《砌体结构工程施工质量验收规范》(GB 50203—2002) 同时废止。

《砌体结构工程施工质量验收规范》(GB 50203—2011) 第 4.0.12 条规定：砌筑砂浆试块强度验收时其强度合格标准应符合下列规定。

(1) 同一验收批砂浆试块抗压强度平均值应大于或等于设计强度等级值的 1.10 倍；

(2) 同一验收批砂浆试块抗压强度的最小一组平均值应大于或等于设计强度等级值的 85%。

注：① 砌筑砂浆的验收批，同一类型、强度等级的砂浆试块不应少于3组；同一验收批砂浆只有1组或2组试块时，每组试块抗压强度平均值应大于或等于设计强度等级值的1.10倍；对于建筑结构的安全等级为一级或设计使用年限为50年及以上的房屋，同一验收批砂浆试块的数量不得少于3组；

② 砂浆强度应以标准养护，28d龄期的试块抗压强度为准；

③ 制作砂浆试块的砂浆稠度应与配合比设计一致。

抽检数量：每一检验批且不超过250m³砌体的各类、各强度等级的普通砌筑砂浆，每台搅拌机应至少抽检一次。验收批的预拌砂浆、蒸压加气混凝土砌块专用砂浆，抽检可为3组。

检验方法：在砂浆搅拌机出料口或在湿拌砂浆的储存容器出料口随机取样制作砂浆试块（现场拌制的砂浆，同盘砂浆只应制作一组试块），试块标准养护28d后做强度试验。

根据《砌体结构工程施工质量验收规范》（GB 50203—2011）要求，砂浆强度等级具有以下内涵：

（1）以标准养护，28d龄期的试块抗压强度为准。

（2）采用同一验收批砂浆试块抗压强度平均值和最小一组平均值作为砌筑砂浆试块强度合格与否判定依据。

（3）制作砂浆试块时应随机取样。

2.4.2 砂浆强度平均值、标准差及变异系数

当测区数不少于10个时，构件或检测批砂浆强度换算值的平均值、标准差和变异系数应分别按公式（2-9）、公式（2-10）、公式（2-11）计算：

$$m_{f_{cu}} = \frac{\sum_{i=1}^{n} f_{cu,i}}{n} \tag{2-9}$$

$$S_{f_{cu}} = \sqrt{\frac{\sum_{i=1}^{n}(f_{cu,i})^2 - n(m_{f_{cu}})^2}{n-1}} \tag{2-10}$$

$$\delta = \frac{S_{f_{cu}}}{m_{f_{cu}}} \tag{2-11}$$

式中 $m_{f_{cu}}$——构件或检测批砂浆强度换算值的平均值，精确到0.1MPa；

n——对于单个构件检测，取被测单个构件的测区数；对于按批抽样检测的构件，取被抽取构件测区数之和；

$S_{f_{cu}}$——构件或检测批砂浆强度换算值的标准差，精确到0.01MPa；

δ——构件或检测批砂浆强度换算值的变异系数，精确到0.01。

2.4.3 异常数据判断

按批抽样检测或单个构件检测测区数不少于10个时，应进行异常数据的判断和处理，异常数据的判断和处理应符合《数据的统计处理和解释　正态样本离群值的判断和

处理》(GB/T 4883—2008，以下简称：标准 GB/T 4883) 的规定。

标准 GB/T 4883 中的基本概念：

1. 离群值 (Outlier)

样本中的一个或几个观测值，它们离开其他观测值较远，暗示它们可能来自不同的总体。

注：离群值按显著性的程度分为统计离群值和歧离值。

2. 统计离群值 (Statistical Outlier)

在剔除水平下统计检验为显著的离群值。

3. 歧离值 (Straggler)

在检出水平下显著，但在剔除水平下不显著的离群值。

4. 检出水平 (Detection Level)

为检出离群值而指定的统计检验的显著性水平。

注：除非根据本标准达成协议的各方另有约定，检出水平 α 应为 0.05。

5. 剔除水平 (Deletion Level)

为检出离群值是否高度离群而指定的统计检验的显著性水平。

注：剔除水平 $α^*$ 的值应不超过检出水平 α 的值。除非根据本标准达成协议的各方另有约定，$α^*$ 的值应为 0.01。

离群值按产生原因分为两类：第一类离群值是总体固有变异性的极端表现，这类离群值与样本中其余观测值属于同一总体；第二类离群值是由于试验条件和试验方法的偶然偏离所产生的结果，或产生于观测、记录、计算中的失误，这类离群值与样本中其余观测值不属于同一总体。

对离群值的判定通常可根据技术上或物理上的理由直接进行，如试验者已经知道试验偏离了规定的试验方法，或测试仪器发生问题等。当上述理由不明确时，可用标准 GB/T 4883 规定的方法。

依据标准 GB/T 4883，在未知标准差的情况下，可使用格拉布斯检验法或狄克逊检验法进行异常值判断。建筑工程检测中常使用格拉布斯检验法，将测区砌体或砂浆强度换算值按从小到大顺序排列 $f_{cu,1}$、$f_{cu,2}$、…、$f_{cu,n}$，计算统计量：

$$G_n = (f_{cu,n} - m_{f_{cu}}) / s_{f_{cu}} \tag{2-12}$$

$$G'_n = (m_{f_{cu}} - f_{cu,1}) / s_{f_{cu}} \tag{2-13}$$

取检出水平 α 为 5%，剔除水平 $α^*$ 为 1%，按双侧情形检验，检出水平 α 对应临界值为 $G_{0.975}$，剔除水平 $α^*$ 对应临界值为 $G_{0.995}$。

若 $G_n > G'_n$，且 $G_n > G_{0.975}$，则判断 $f_{cu,n}$ 为离群值，否则，判断没有离群值。

对检出的离群值 $f_{cu,n}$，若 $G_n > G_{0.995}$，则判断 $f_{cu,n}$ 为统计离群值，可考虑剔除，否则，判断未发现统计离群值，$f_{cu,n}$ 为歧离值。

若 $G'_n > G_n$，且 $G'_n > G_{0.975}$，则判断 $f_{cu,1}$ 为离群值，否则，判断没有离群值。

对检出的离群值 $f_{cu,1}$，若 $G'_n > G_{0.995}$，则判断 $f_{cu,1}$ 为统计离群值，可考虑剔除，否则，判断未发现统计离群值，$f_{cu,1}$ 为歧离值。

式中　G_n、G'_n——格拉布斯检验统计量；

$f_{cu,1}$——构件或检测批砌体或砂浆强度换算值最小值,精确至0.01MPa;

$f_{cu,n}$——构件或检测批砌体或砂浆强度换算值最大值,精确至0.01MPa;

$G_{0.975}$、$G_{0.995}$——格拉布斯检验临界值,按检测批测区数量由表2-2查得。

表2-2 格拉布斯检验临界值

测区数量	$G_{0.975}$	$G_{0.995}$	测区数量	$G_{0.975}$	$G_{0.995}$	测区数量	$G_{0.975}$	$G_{0.995}$
6	1.887	1.973	38	3.014	3.356	70	3.257	3.622
7	2.020	2.139	39	3.025	3.369	71	3.262	3.627
8	2.126	2.274	40	3.036	3.381	72	3.267	3.633
9	2.215	2.387	41	3.046	3.393	73	3.272	3.638
10	2.290	2.482	42	3.057	3.404	74	3.278	3.643
11	2.355	2.564	43	3.067	3.415	75	3.282	3.648
12	2.412	2.636	44	3.075	3.425	76	3.287	3.654
13	2.462	2.699	45	3.085	3.435	77	3.291	3.658
14	2.507	2.755	46	3.094	3.445	78	3.297	3.663
15	2.549	2.806	47	3.103	3.455	79	3.301	3.669
16	2.585	2.852	48	3.111	3.464	80	3.305	3.673
17	2.620	2.894	49	3.120	3.474	81	3.309	3.677
18	2.651	2.932	50	3.128	3.483	82	3.315	3.682
19	2.681	2.968	51	3.136	3.491	83	3.319	3.687
20	2.709	3.001	52	3.143	3.500	84	3.323	3.691
21	2.733	3.031	53	3.151	3.507	85	3.327	3.695
22	2.758	3.060	54	3.158	3.516	86	3.331	3.699
23	2.781	3.087	55	3.166	3.524	87	3.335	3.704
24	2.802	3.112	56	3.172	3.531	88	3.339	3.708
25	2.822	3.135	57	3.180	3.539	89	3.343	3.712
26	2.841	3.157	58	3.186	3.546	90	3.347	3.716
27	2.859	3.178	59	3.193	3.553	91	3.350	3.720
28	2.876	3.199	60	3.199	3.560	92	3.355	3.725
29	2.893	3.218	61	3.205	3.566	93	3.358	3.728
30	2.908	3.236	62	3.212	3.573	94	3.362	3.732
31	2.924	3.253	63	3.218	3.579	95	3.365	3.736
32	2.938	3.270	64	3.224	3.586	96	3.369	3.739
33	2.952	3.286	65	3.230	3.592	97	3.372	3.744
34	2.965	3.301	66	3.235	3.598	98	3.377	3.747
35	2.979	3.316	67	3.241	3.605	99	3.380	3.750
36	2.991	3.330	68	3.246	3.610	100	3.383	3.754
37	3.003	3.343	69	3.252	3.617			

注:当测区数量大于100时,可按测区数量为100取值。

2.4.4 异常数据处理

若检出了一个离群值，应对除去已检出离群值后余下的数值重新计算强度换算值的平均值、标准差和变异系数。应用相同的检出水平和相同的规则，对除去已检出离群值后余下的数值继续检验，直到不能检出离群值为止。检出的离群值总数不宜超过样本量的 5%，若检出的离群值总数超过了这个上限，对此样本应做慎重的研究和处理。

检出歧离值后，不得随意舍去歧离值，应尽可能寻找其技术或物理上的原因，若在技术上或物理上找到了产生它的原因，则应剔除或修正；若未在物理上和技术上找到产生它的原因，则不得剔除或进行修正。

为保证结构安全，建议按下列方法处理：
(1) 高端歧离值可从样本中直接剔除；
(2) 低端歧离值在有充分理由说明其异常原因时，可以剔除；
(3) 当无充分理由说明其异常原因时，在低端歧离值邻近位置重新取样复测，根据复测结果，判断是否剔除；
(4) 保留歧离值，补充检测，增加样本数后重新检验异常值；
(5) 保留歧离值，重新划分检测批后重新检测；
(6) 歧离值剔除应记录剔除的理由和必要的说明。

2.4.5 变异系数限值

当检测结果的变异系数 δ 大于 0.35 时，应检查检测结果离散性较大的原因，若系检测批划分不当，宜重新划分，并可增加测区数进行补测，然后重新分析计算。

2.4.6 单个构件检测砂浆强度推定值

当按单个构件检测时，以测区砂浆强度最小换算值作为该构件的砂浆强度推定值，按公式 (2-14) 计算：

$$f_{cu,e} = f_{cu,\min} \tag{2-14}$$

式中 $f_{cu,\min}$——构件或检测批砂浆强度换算值中的最小值；
$f_{cu,e}$——构件或检测批砂浆强度推定值，精确至 0.1 MPa。

2.4.7 按批抽样检测砂浆强度推定值

(1) 被测砌体按《砌体结构工程施工质量验收规范》(GB 50203—2011) 施工验收时，检测批砂浆强度推定值按公式 (2-15) 计算：

$$f_{cu,e} = \min\{0.91 m_{f_{cu}}, 1.18 f_{cu,\min}\} \tag{2-15}$$

(2) 在《砌体结构工程施工质量验收规范》(GB 50203—2011) 实施前建设的工程，检测批砂浆强度推定值应按公式 (2-16) 计算：

$$f_{cu,e} = \min\{m_{f_{cu}}, 1.33 f_{cu,\min}\} \tag{2-16}$$

第3章 回弹法检测砌筑砂浆强度技术

3.1 回弹法概述

3.1.1 回弹法发展

在我国工程建设中，砌体结构的应用量大面广。砌体强度是结构设计、鉴定、验算中的基本指标，而砌体的砌筑砂浆强度则是确定砌体强度的主要依据之一。过去，在判定砌体砌筑砂浆强度时，多采用手捏、硬器划、眼观、询问等经验方法，没有定量的科学简便的检测手段，给抗震鉴定和质量事故处理带来较大的困难。

1948年，瑞士科学家施密特（E. Schmidt）研制出回弹仪并研究出回弹法，该方法的出现大大推动了混凝土无损检测技术的发展，并一直沿用至今。自20世纪60年代以来，国内有关单位先后对轻型回弹仪以及其在砌体中的应用技术进行了试验研究，并研制出HT-28型回弹仪，但由于该回弹仪的技术性能较差，以及灰缝砂浆强度的影响因素复杂，其测试结果离散性大、准确度差，因而未能在工程上推广应用。

20世纪90年代，四川省建筑科学研究院在HT-28型回弹仪基础上，与天津建筑仪器厂合作改进研制出HT-20型砂浆回弹仪，并编制了四川省地方规程，使得回弹法有了较大的发展，之后又将回弹法编入国家标准，进一步推广了回弹法的应用范围。

3.1.2 回弹法的基本原理

回弹法是一种非破损检测砌筑砂浆强度的方法，它用一个弹簧驱动的重锤，通过弹击杆（传动杆）弹击砂浆表面，并测出重锤被反弹回来的距离，以回弹值（重锤被反弹回来的距离与弹簧初始长度之比）作为与强度相关的指标来推定砌筑砂浆强度。其实质是通过检测砌筑砂浆的表面硬度来推定砂浆的抗压强度。

用于测定砌筑砂浆强度的回弹仪，是一种直射锤击式仪器，它借助于已获得一定拉力的拉簧所连接的弹击锤，冲击弹击杆后，弹击锤向后弹回。计算弹回的距离 L' 和冲击前弹击锤距弹击杆的距离 L 之比（按百分比计算），即得回弹值 R，回弹值由仪器外壳上的刻度尺示出。

回弹值 R 的大小，取决于与冲击能量有关的回弹能量，而回弹能量主要取决于被测砂浆的弹塑性性能。下面具体阐述回弹仪在冲击过程中能量的传递和变化关系：

设回弹仪的动能（公称能量）为 E，则由功能原理：

$$E = \sum A_i = A_1 + A_2 + A_3 + A_4 + A_5 + A_6 \tag{3-1}$$

式中 A_1——使砂浆产生塑性变形的功；

A_2——使砂浆、弹击杆及弹击锤产生弹性变形的功；

A_3——弹击锤在冲击过程中和指针在移动过程中因摩擦损耗的功;

A_4——弹击锤在冲击过程中和指针在移动过程中克服空气阻力的功;

A_5——砂浆产生塑性变形时增加自由表面所损耗的功;

A_6——仪器在冲击时由于砌体构件的颤动和弹击杆在砂浆表面移动而损耗的功。

A_3、A_4、A_5一般很小,当砌体构件具有足够的刚度,在冲击过程中仪器始终紧贴砌体砂浆表面时,A_6也较小,以上均可略而不计。这时,弹击锤的弹回距离决定于A_1与A_2之比值,即砂浆的塑性变形与砂浆、弹击杆及弹击锤弹性变形之和的比值。在一定的冲击能量作用下,后者的弹性变形接近为常数。因此,弹回距离主要取决于砂浆的塑性变形。砂浆的塑性变形愈大,消耗于产生塑性变形的功也愈大,弹击锤所获得的回弹的功即愈小,回弹距离相应也愈小,即回弹值就愈小。砌筑砂浆的塑性变形,可以用在砂浆表面产生的印痕直径d来表示。

实验证明,砂浆表面所产生的印痕直径愈大,回弹的数值愈低,则砂浆的强度愈低,反之亦然。根据上述原理,可由实验方法建立回弹值R与砂浆抗压强度之间的关系。

由此可见,采用回弹仪所测得的回弹值,只代表砌筑砂浆表面的质量。因此,采用回弹法检测砌筑砂浆内部强度的必要前提是砌筑砂浆的表面质量与内部质量基本一致。

3.1.3 回弹法的优越性

(1) 回弹仪构造简单、性能可靠、容易校准、维修、保养,而且易于大批量稳定生产;

(2) 检测技术易于掌握,操作方法简便,易于消除系统误差;

(3) 影响检测精度的因素相对较少,易于建立较为精确的测强相关曲线;

(4) 不需要或很少需要现场检测的事先作业;

(5) 几乎不受构件形状、大小的限制,检测灵活,迅速,效率高,费用低,特别适用于现场大批量随机检测;

(6) 检测过程对结构或构件无任何损坏,检测后不影响其结构受力体系和正常使用。

3.2 砂浆回弹仪

由于在影响检测精度的诸多因素中回弹仪的质量及其稳定性影响尤其突出,因此选取合适冲击动能的回弹仪成为关键。国家标准《砌体工程现场检测技术标准》(GB/T 50315)及山东省地方标准均采用冲击动能0.196J的回弹仪检测砌筑砂浆强度,同时规定,同类型技术参数符合《回弹仪检定规程》(JJG 817—2011)中L20型要求的回弹仪,经检定合格,只要性能稳定并有可靠的检验示值准确性的方法都可用于砌筑砂浆强度检测。

3.2.1 类型及构造

回弹仪属计量器具,因此从事回弹仪生产的单位,应取得计量器具许可证。目前我国技术成熟的回弹仪生产单位有山东省乐陵市回弹仪厂、舟山市博远科技开发有限公司和济南朗睿检测技术有限公司等。购买回弹仪时一定要注意回弹仪上应有计量器具许可证号及CMC标志。

L20型砂浆回弹仪构造如图3-1所示。

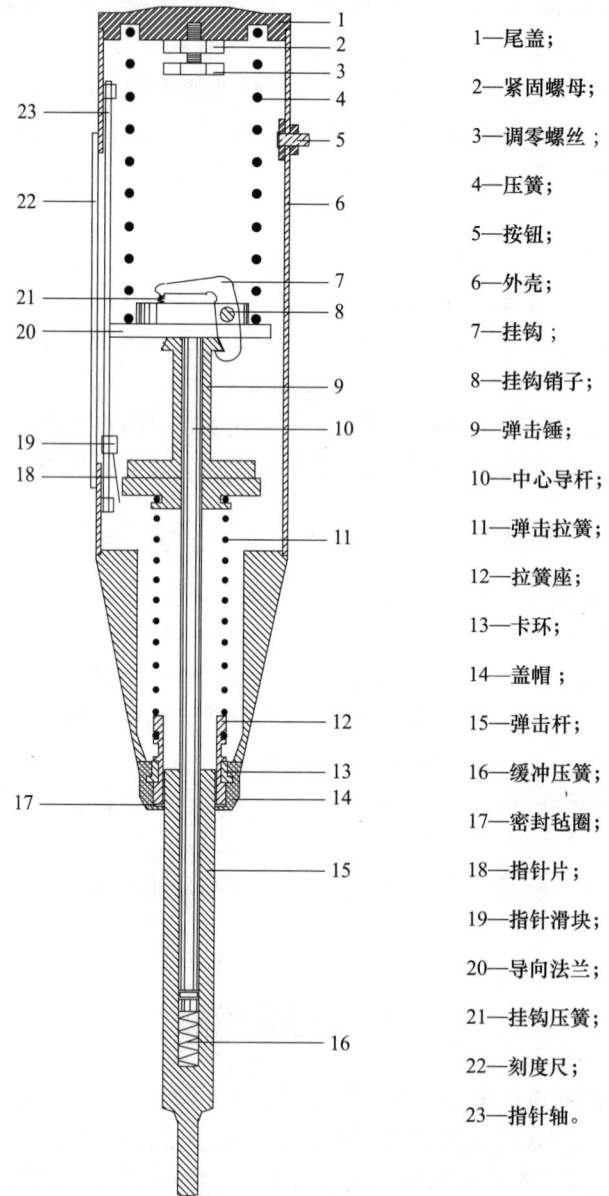

1—尾盖；
2—紧固螺母；
3—调零螺丝；
4—压簧；
5—按钮；
6—外壳；
7—挂钩；
8—挂钩销子；
9—弹击锤；
10—中心导杆；
11—弹击拉簧；
12—拉簧座；
13—卡环；
14—盖帽；
15—弹击杆；
16—缓冲压簧；
17—密封毡圈；
18—指针片；
19—指针滑块；
20—导向法兰；
21—挂钩压簧；
22—刻度尺；
23—指针轴。

图3-1 L20型砂浆回弹仪示意图

当仪器水平状态工作时，弹击锤脱钩的瞬间，回弹仪的标称动能E，即弹击拉伸恢复原始状态所做的功可由下式计算：

$$E = \frac{1}{2}Cl^2 = \frac{1}{2} \times 69 \times 0.075^2 \approx 0.196 \text{J} \tag{3-2}$$

式中 C——弹击拉簧的刚度系数,其值为69N/m;

l——弹击拉簧的拉伸长度,其值为0.075m。

由此可见,弹簧的刚度系数和拉伸长度直接影响回弹仪的标称动能。

仪器在工作时,随着对回弹仪施压,弹击杆徐徐向机壳内推进,此时弹击拉簧被拉伸,使联接弹击拉簧的弹击锤获得冲击能量E,弹击杆推进使挂钩与调零螺丝互相挤压,则弹击锤脱钩,弹击锤的后端平面与弹击杆的后端平面相碰撞,此时弹击锤释放出来的能量借助于弹击杆传递给砂浆构件,砂浆弹性反应的能量又通过弹击杆传递给弹击锤,使弹击锤获得回弹的能量,从而使弹击锤向后弹回,计算弹击锤弹回的距离L'和弹击锤脱钩前距弹击杆后端平面的距离L之比(按百分比计算),即得回弹值R。

$$R=\frac{L'}{L}\times 100 \tag{3-3}$$

回弹值由仪器外壳上的刻度尺示出,其回弹值的示意图如图3-2所示。

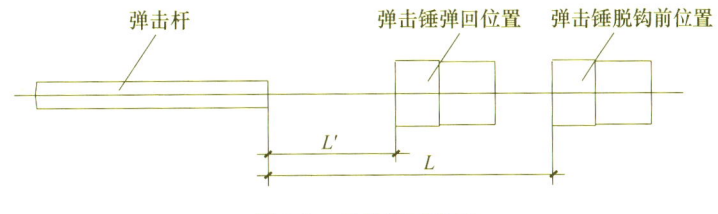

图3-2 回弹值示意图

3.2.2 技术要求

L20型混凝土回弹仪水平弹击时的冲击能量为0.196J,《回弹仪检定规程》(JJG 817—2011)中L20型砂浆回弹仪技术要求如下。

1. 外观

在回弹仪明显的位置上,应有下列标志:名称、型号、制造厂名(或商标)、出厂编号、计量器具生产许可证号及CMC标志等;仪器外壳不允许有碰撞和摔落等造成的明显损伤,弹击杆外露球面应光滑,无裂纹、锈蚀等缺陷,指针滑块示值刻度线应清晰,标尺上的刻度线应清晰、均匀。

2. 运动部件

各运动部件活动自如、可靠,不得有松动、卡滞和影响操作的现象。

3. 计量性能要求

回弹仪主要技术要求见表3-1。

表3-1 L20型砂浆回弹仪标准状态主要技术要求

序号	项目	技术要求	允许误差
1	标尺"100"刻度线位置	与检定器中盖板定位缺口侧面重合	在刻线宽度范围内(刻线宽0.4mm)
2	指针长度(mm)	20.0	±0.2
3	指针摩擦力(N)	0.5	±0.1
4	弹击杆端部球面半径(mm)	25.0	±1.0

续表

序号	项目	技术要求	允许误差
5	弹击锤脱钩位置	标尺"100"刻线处	±0.2mm
6	弹击拉簧刚度（N/m）	69	±4
7	弹击拉簧工作长度（mm）	61.5	±0.3
8	弹击锤拉伸长度（mm）	75.0	±0.3
9	弹击锤起跳位置	标尺"0"处	0～1
10	钢砧上的率定值	74	±2
11	示值一致性	指针滑块刻线对应的标尺数值与数字式回弹仪的显示值之差≤1，且两者的钢砧率定值均满足要求	

3.2.3 影响砂浆回弹仪检测性能的主要因素

回弹仪有关产生、传递能量及指示回弹值的零部件，都直接或间接地影响着仪器的冲击能量和回弹能量的大小，即影响仪器的检测性能和按其原理工作的状态（即标准状态）。对此，课题组进行了相关研究，认为影响回弹仪检测性能的主要因素有以下三个方面。

1. 机芯主要零件的装配尺寸

回弹仪机芯主要零件的装配尺寸，包括弹击拉簧的工作长度 L_0、弹击锤的冲击长度 L_p 和弹击锤的起跳位置3个尺寸。这3个装配尺寸之间，工作时不仅互相影响，而且也影响弹击拉簧的拉伸长度 L。严格控制这3个装配尺寸，是统一仪器性能的重要前提。下面就3个装配尺寸的概念及当改变某一装配尺寸时，对仪器检测性能的影响进行阐述。

（1）弹击拉簧的工作长度 L_0。

L_0 是指拉簧座后端沿口至弹击锤挂簧孔边缘大面间的距离。根据仪器工作原理，当弹击锤脱钩弹击时，弹击锤与弹击杆两冲击面碰撞的瞬间，弹击拉簧应处于既不受拉也不受压的自由状态，此时弹击拉簧的工作长度（亦称自由长度）L_0 应为61.5mm。

如果 $L_0 > 61.5$mm，弹击锤冲击后，弹击拉簧恢复自由状态时，两冲击面之间有间隙 ΔL（见图3-3）。由此可知，弹击锤冲击弹击杆的瞬间，拉簧受到挤压，冲击后由于拉簧的恢复力，使实际的回弹力增大，称这种现象为"冲压"，"冲压"所测得的回弹值偏高。

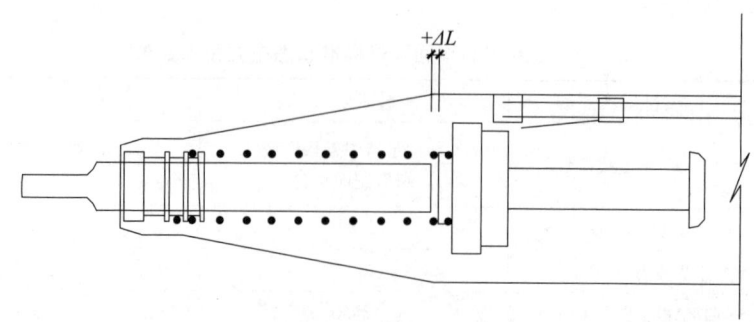

图3-3 拉簧工作长度大于61.5mm

如果 $L_0 < 61.5$ mm，弹击锤冲击弹击杆的瞬间，拉簧不能恢复自由状态，而被拉长（约束）一个长度（ΔL），弹击锤回弹时要克服一个反方向的恢复力 Δf（见图 3-4），使实际回弹力减小，称这种现象为"冲拉"，"冲拉"所测得的回弹值偏低。

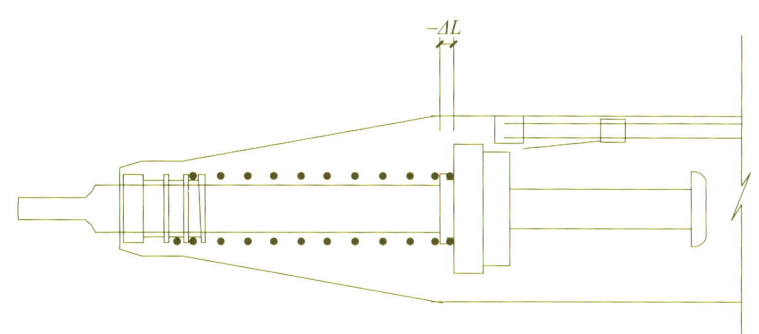

图 3-4　拉簧工作长度小于 61.5mm

标准状态的仪器，当改变弹击拉簧的工作长度时，同时会使弹击拉簧的拉伸长度发生变化，从而带来仪器能量的变化，它与"冲压""冲拉"现象共同影响仪器的检测性能。

当改变 L_0 时，在钢砧上的率定值基本不变，这是因为 L_0 对仪器检测性能的影响主要是由于弹击拉簧产生"冲压"或"冲拉"所引起，而"冲压""冲拉"作用主要是使回弹能量发生变化，而回弹能量随着回弹值的增大，影响逐渐减弱，所以对钢砧率定值的影响不大。

（2）弹击锤的冲击长度 L_p。

弹击锤的冲击长度 L_p 是指当弹击锤脱钩的瞬间，弹击锤与弹击杆两撞击面之间的距离，其值应为 75mm。当仪器为正常状态工作时，弹击锤相应于刻度尺上的推算"0"处起跳，并在"100"处脱钩，此时弹击锤的冲击长度 L_p 应与拉簧的拉伸长度相等，这是因为，当弹击锤和弹击杆两撞面碰撞的瞬间，拉簧处于自由状态（既不"冲压"也不"冲拉"），此时弹击锤所处的位置正好相应于刻度尺上的推算"0"处，即此处既是弹击锤回弹时的起跳点，也是拉簧受拉的起始点，所以弹击锤的冲击长度 L_p 也即刻度尺"0"到"100"间的距离，也就是拉簧的拉伸长度。

当 $L_p > 75$mm 时，弹击锤与弹击杆碰撞的瞬间，弹击拉簧产生反"冲压"，同时使弹击锤的起跳位置小于"0"，它们之间的影响有一定的抵消，结果在试块上测得的回弹值略为偏低。反之，当 $L_p < 75$mm 时，弹击拉簧产生"冲拉"，同时使弹击锤的起跳位置大于"0"，同样它们之间的影响有一定的累加，结果在试块上测得的回弹值略为偏高。改变弹击锤的冲击长度，钢砧上的率定值基本上没有变化，这是因为上述因素在钢砧上的影响基本上互相抵消。

（3）弹击锤的起跳位置。

回弹仪是一种游标测读式仪器，因此它和其他计量仪器一样，工作前必须调零。

因为回弹值读数是由回弹能通过弹击锤带动指针移动，最后回弹能消失，使指针停留在某一刻度上，即示值系统为指针直读式。所以，回弹仪的调零，实际上是使弹击锤回弹时的起跳位置处于相应于刻度尺上的推算"0"处，此时弹击拉簧应处于自由状态，其工作长度为 61.5mm。由此可见，如果弹击锤起跳位置不在相应于刻度尺上的推算"0"处时，则弹击锤与弹击杆碰撞的瞬间，弹击拉簧产生"冲压"和"冲拉"现象，并使弹击拉簧拉伸长度也同时改变，即仪器的冲击能量也起了变化。

由于仪器构造方面，不能方便和准确地检验弹击锤是否在"0"处起跳，但因刻度尺"0~100"的长度为 75mm，当仪器正常工作时，弹击锤的冲击长度为 75mm，故在正常情况下，检验弹击锤是否在"0"处起跳，可检验弹击锤是否于"100"处脱钩。

仪器工作时，保证弹击锤冲击长度为 75mm 是仪器调零的前提，否则即使弹击锤在"100"处脱钩也未必于"0"处起跳。

弹击锤起跳位置的改变，直接影响回弹值的大小，但在试块上回弹值的变化较起跳位置的变化，其影响要小一些，而且随着回弹值的增高，影响也增大。这是因为，标准状态下的仪器，当弹击锤起跳位置变化时，弹击拉簧的拉伸长度 L 也随之改变，同时在弹击锤与弹击杆碰撞的瞬间，弹击拉簧产生"冲压""冲拉"现象，它们之间的影响有所抵消。另外，由于"冲压""冲拉"现象引起回弹值的变化是随着回弹值的增加影响逐渐减少，因此回弹值由低到高的抵消部分会逐渐减弱，所以，检测结果反映在高回弹值的影响较低回弹值的影响要大，因而在钢砧上的率定值影响十分显著。

综上所述，将变化机芯 3 个装配尺寸对回弹值影响的定性关系列于表 3-2。

表 3-2 机芯 3 个装配尺寸对回弹值变化的定性关系

变化项	机芯装配尺寸			仪器工作时状态				回弹值综合反映
	L_0	L_p	脱钩点	弹击拉簧	L	L_p	起跳点	
标准	61.5	75	"100"	自由状态	75	75	"0"	标准
弹击拉簧工作长度（L_0）	<61.5	75	"100"	冲拉	>75	75	"0"	偏低
	>61.5			冲压	<75			偏高
弹击锤冲击长度（L_p）	61.5	<75	"100"	冲拉	75	<75	>"0"	偏高
		>75		冲压		>75	<"0"	偏低
弹击锤脱钩位置	61.5	75	>"100"	冲压	<75	75	<"0"	偏低
			<"100"	冲拉	>75		>"0"	偏高

2. 主要零件的质量

（1）拉簧的刚度系数。

由仪器的构造和冲击能量可算出拉簧的刚度系数应为 69N/m，刚度系数的变化直接影响仪器工作时的冲击能量，同时影响测得的回弹值。

不同刚度系数的拉簧在砂浆试块上所测得的回弹值有显著差异。其差异随刚度系数的增加而使回弹值有所降低，这是由于砂浆本身的性能所引起，即当弹击拉簧的刚度系数增大时，弹击锤的冲击动能也随之增大，在砂浆上产生的塑性变形功相应增加，而回弹动能随之减小，使得回弹值略有降低。

弹击拉簧刚度系数的变化对钢砧率定值无显著性差异，说明在所变化的冲击动能范围内，对弹性回弹动能无显著影响。

(2) 弹击杆前端的曲率半径及后端的冲击面。

根据设计，弹击杆前端的曲率半径 $r=25mm$，随着 r 值的增大，在试块上测得的回弹值增高，并随着试块表面硬度的增大而趋于明显。这是因为，对于同一台仪器在相同冲击能量的情况下，消耗在塑性变形中的能量，r 值大比 r 值小的为少，因此 r 值偏大时，回弹值偏高。另外，当改变 r 值时，高硬度试块的影响比低硬度大，因此，r 值愈大，表面硬度高的试块测得的回弹值偏高的现象比低硬度试块愈明显。

弹击杆 r 值的差异，对钢砧率定值的影响不易反映，这是因为在钢砧上不能产生塑性变形，因此，当只改变 r 值时，并不能对钢砧率定值产生明显的影响。

国内回弹仪的弹击杆后端冲击面有两种加工形状，即有环带和无环带的平面。弹击杆的冲击面形状对试块的检测结果影响不大。另外，冲击面为平面的弹击杆，不论在钢砧上还是在试块上，所测得的回弹值的极差均小于冲击面有环带的弹击杆。说明冲击面为平面的弹击杆，其检测稳定性较好。为与国外定型的中型回弹仪相一致，国内回弹仪的弹击杆后端冲击面的形状规定为平面。

(3) 指针长度 l 和摩擦力 f。

根据设计，指针块上的指示线应位于正中，指示线至指针片端部的水平距离（即指针长度 l）为 20mm，此值大小直接影响回弹值的大小。

指针摩擦力是指机壳滑槽中指针块在指针导杆全长上推动时的摩擦力 f，按《回弹仪检定规程》(JJG 817—2011) 要求 $f=0.5N$，实测表明，如果指针摩擦力过小，回弹时指针出现滑动，使回弹值偏高；如摩擦力过大，影响弹击锤的回弹力，使回弹值偏低，因此，砂浆回弹仪的指针摩擦力应控制在 0.4~0.6N。

(4) 影响弹击锤起跳位置的有关零件。

当仪器其他条件正常时，弹击锤是否相应于刻度尺的"100"处脱钩和弹击锤的冲击长度是否等于 75mm，是影响弹击锤是否相应于刻度尺上的推算"0"处起跳的因素。为了保证仪器工作时的冲击长度为 75mm，就必须使缓冲压簧的压缩长度为一定值。缓冲压簧的压缩长度取决于以下几个方面的因素：

① 缓冲压簧的刚度系数；
② 压簧的压缩力；
③ 弹击拉簧的拉伸力；
④ 脱钩时挂钩与弹击锤挂钩处的摩擦。

仪器工作时，对仪器施加的作用力使弹击拉簧拉伸，压簧压缩，挂钩脱钩，这三部分的力通过中心导杆传递给缓冲压簧，从而使缓冲压簧压缩长度。因此，为了保证弹击锤的冲击长度为 75mm，弹击拉簧、压簧、缓冲压簧的质量必须按设计要求加工，以保证各台仪器质量的一致性。

另外，还有一个因素影响弹击锤起跳点，即弹击锤脱钩状态时，挂钩尾部与法兰上表面的孔隙应保持最小，并使各台仪器保持一致。

3. 机芯装配质量

机芯装配尺寸能否按照仪器的构造和工作原理进行装配，是使仪器达到正常状态的关键。关于机芯主要零件的装配尺寸及有关零部件的质量要求已于前面提到，但为了确保仪器具有正常的检测性能，在机芯的装配质量方面必须注意以下一些重要环节。

(1) 调零螺丝。

在机芯的弹击拉簧工作长度 $L_0=61.5mm$、弹击锤的冲击长度 $L_p=75.0mm$ 的前提下进行整机调零后（即调零螺丝的长度，使弹击锤脱钩瞬间，指针块上的指示线应停留在刻度尺的"100"处），尾盖上的调零螺丝应始终处于紧固状态，不得有松动现象或位移现象。

(2) 弹击拉簧固定。

拉簧的一端固定于拉簧座上，另一端固定于弹击锤上，固定好后，三连件（拉簧座、弹击拉簧和弹击锤）装入中心导杆，此时弹击拉簧在中心导杆上不得有歪斜现象，否则会影响弹击拉簧的工作性能，此处需要注意的是弹击拉簧按图纸的加工质量要达到要求。

(3) 机芯同轴度。

机芯同轴度是指弹击杆和弹击锤与中心导杆工作时，是否在同一轴心线上。通过大量试验表明，机芯同轴度好的仪器，弹击杆和弹击锤的冲击面碰撞时，接触良好，声音清脆，在钢砧上能测得较高而稳定的率定值。反之声音沉闷，率定值不稳定且较低。因此，当率定值达不到要求时，应检查各零件的加工质量或调换弹击杆，即调整机芯同轴度，使钢砧率定值符合标准。

必须指出，如果弹击杆的冲击面与其内孔、弹击锤的冲击面与其中心锤孔的垂直度以及中心导杆的垂直度达到一定加工精度，则三者装配起来的机芯，同轴度一定较好。

3.2.4 率定的作用

砂浆回弹仪的检验方法，是采用在洛氏硬度 HRC60±2 的标准钢砧上，将仪器垂直向下率定，检测其平均率定值是否为 74±2，并以此作为出厂合格检验以及使用过程中是否需要调整的标准。经试验研究认为，钢砧率定具有以下几方面作用：

(1) 在仪器其他条件符合要求的情况下，检验仪器的冲击能量是否等于或接近 0.196J，此时在钢砧上的率定值应为 74±2，此值作为校验仪器的标准之一；

(2) 钢砧率定值能比较灵活地反映出弹击杆、中心导杆和弹击锤的加工精度以及它们三者工作时的同轴度是否符合要求，当不符合要求时，则率定值低于 72，由此会带来对检测值的影响；

(3) 在仪器其他条件符合要求的情况下，转动弹击杆在中心导杆内的位置，在钢砧上的率定值均应为 74±2，以此可以校验仪器本身检测的稳定性；

(4) 在仪器其他条件符合要求的条件下，用来校验仪器经使用后内部零件有无损坏或出现某些障碍（包括传动部位及冲击面有无污物等），出现上述情况时率定值偏低且稳定性差；

(5) 在仪器其他条件符合要求的情况下，反映（而不是校验）弹击锤的起跳位置是否相应于刻度尺上推算的"0"处。由于仪器各零部件的加工和装配都有一定的公差，因此即使装配尺寸都符合要求，所有仪器弹击锤的起跳点也未必都位于"0"处起跳。

综上所述，钢砧率定值在一定条件下可以反映仪器的部分质量和性能。但必须指出，只有在仪器 3 个装配尺寸和主要零件质量校验合格的前提下，钢砧率定值才能作为校验仪器是否合格的一项标准。

仪器有下列情况之一时，应在钢砧上进行率定试验：

（1）回弹仪当天使用前；

（2）检测过程中对回弹值有怀疑时。

如率定试验结果不在规定的74±2范围内时，应对回弹仪进行常规保养后再进行率定。若再次率定仍不合格，应送专门校准机构进行校准。

3.2.5 砂浆回弹仪操作、保养及校准

1. 操作

检测过程中，仪器的纵轴线应始终保持水平，且与砂浆检测面保持垂直，其操作程序如下：

（1）对被测砌筑砂浆检测面进行磨平处理，使检测面平整、铅垂，将回弹仪弹击杆端部顶住砂浆检测面，轻压仪器，使按钮松开，弹击杆慢慢伸出，并使挂钩挂上弹击锤；

（2）用弹击杆端部顶住砂浆检测面缓慢均匀施压，待弹击锤脱钩，冲击弹击杆后弹击锤带动指针至某一定位置，指针块上的示值刻度线在刻度尺上指示出的数值即回弹值；

（3）逐渐对回弹仪减压，使弹击杆自机壳内伸出，挂钩挂上弹击锤，按照第2条进行第二次弹击和第三次弹击，应注意三次弹击同一测点，弹击杆顶住砂浆检测面同一点，不得移动；

（4）第一、二次弹击不记录回弹值，第三次弹击后，使回弹仪继续顶住砂浆检测面，进行读数并记录回弹值，如条件不利于读数，可按下锁定按钮，锁住机芯，将回弹仪移至他处读数；

（5）逐渐对回弹仪减压，使弹击杆自机壳内伸出，挂钩挂上弹击锤，移动回弹仪到下一测点。

2. 校准

（1）回弹仪遇有下列情况之一时应送校准机构校准：

① 新回弹仪启用前；

② 达到校准有效期限（有效期限为半年）；

③更换主要零件（弹击拉簧、弹簧座、弹击杆、缓冲压簧、中心导杆、导向法兰、弹击锤、指针轴、指针片、指针块、挂钩及调零螺丝）后；

④弹击拉簧不在拉簧原孔位、调零螺丝松动；

⑤经常规保养后钢砧率定值不合格；

⑥遭受严重撞击或其他损害；

⑦示值不准确或不稳定。

（2）回弹仪校准机构必须按照《回弹仪检定规程》（JJG 817—2011）的规定对回弹仪进行校准。

（3）回弹仪在工程检测前后，应在钢砧上做率定试验。

（4）回弹仪率定试验宜在室温20±5℃的条件下进行。率定时，钢砧应稳固地平放在刚度大的实体上。回弹仪向下弹击，取连续三次的稳定回弹值的平均值，弹击杆应分

四次旋转，每次旋转约90°，弹击杆每旋转一次的率定平均值均应符合74±2的要求。

3. 保养

（1）回弹仪有下列情况之一时应进行常规保养：

① 弹击超过2000次；

② 对检测值有怀疑时；

③ 在钢砧上的率定值不合格。

（2）常规保养应符合下列要求：

① 使弹击锤脱钩后取出机芯，然后卸下弹击杆（取出里面的缓冲压簧）和三联件（弹击锤、弹击拉簧和拉簧座）；

② 清洗机芯各零部件，特别是中心导杆、弹击锤和弹击杆的内孔和冲击面。清洗后在中心导杆上薄薄地抹上一层钟表润滑油，其他零件均不得抹油；

③ 清理机壳内壁，卸下刻度尺，检查指针，其摩擦力应为0.5±0.1N；

④ 不得旋转尾盖上已定位紧固的调零螺丝；

⑤ 不得自制或更换零部件；

⑥ 保养后应按要求进行率定试验。

（3）回弹仪使用完毕后应使弹击杆伸出机壳，清除弹击杆（包括前端球面）以及刻度尺表面和外壳上的污垢、尘土。回弹仪不用时，必须经弹击后将弹击杆压入仪器内，方可按下按钮、锁住机芯，将回弹仪装入套筒，平放在干燥阴凉处。

（4）回弹仪使用时的环境温度应为－4℃～＋40℃。

3.2.6 砂浆回弹仪常见故障及排除方法

仪器在使用过程中，由于种种原因，难免会出现各种故障。当使用中出现故障时，应送专门检定机构进行检修和校准，不得随便检修，以免损坏零部件。回弹仪常见故障及排除方法见表3-3。

表3-3 回弹仪常见故障及排除方法

序号	故障现象	原因分析	检修方法
一	指针块停在起始位置上不动	1. 指针块上的指针片相对于指针轴的张角太小； 2. 指针片已折断	1. 卸下指针块，将指针片的张角适当扳大些； 2. 更换指针片
二	指针块弹击过程中抖动步进	1. 指针块上的指针片的张角略微小了些； 2. 指针块与指针轴之间的配合太松； 3. 指针块与刻度尺局部碰摩或与固定刻度尺的小螺钉相碰摩，或与机壳滑槽局部摩阻太大	1. 将指针块卸下，适量地将指针片的张角扳大； 2. 将指针摩擦力调大一些； 3. 修锉指针块的上平面，或截短小螺丝，或修锉滑槽
三	指针块在未弹击前被带上来，无法读数	指针块上的指针片张角太大	卸下指针块，将指针片的张角适当扳小
四	弹击锤过早击发	1. 挂钩的钩端已成小钝角； 2. 弹击锤的尾端局部破碎	1. 更换挂钩； 2. 更换弹击锤

续表

序号	故障现象	原因分析	检修方法
五	不能弹击	1. 挂钩弹簧已脱落； 2. 持钩的钩端已折断或已成大钝角； 3. 弹击拉簧已拉断	1. 装上挂钩弹簧； 2. 更换挂钩； 3. 更换弹击拉簧
六	弹击杆伸不出来，无法使用	按钮不起作用	用手握尾盖并施一定压力，慢慢地将尾盖旋下，然后调整好按钮，如果按钮零件缺损，则应更换
七	弹击杆易脱落	中心导杆端部与弹击杆内孔配合不紧密	1. 取下弹击杆，将中心导杆端部各爪瓣适当扩大（装卸时切勿丢失缓冲压簧）； 2. 更换中心导杆或弹击杆
八	标准状态仪器率定值偏低	1. 弹击锤与弹击杆冲击平面有污物； 2. 弹击锤与中心导杆间有污物、摩擦力增大； 3. 弹击锤与弹杆间的接触不均匀； 4. 中心导杆端部分爪瓣折断； 5. 机芯损坏	1. 用汽油擦洗冲击面； 2. 用汽油擦洗弹击锤及中心导杆，并抹上一层薄的易挥发润滑油； 3. 更换弹击杆； 4. 更换中心导杆； 5. 仪器报废

3.3 影响回弹法检测砌筑砂浆强度的主要因素

3.3.1 概述

回弹法属于一种表面硬度法，它通过砌筑砂浆表面的回弹值 R 与砌体的同条件砂浆试块抗压强度值 f 之间的相关性来推算砌筑砂浆的抗压强度。根据理论分析，当砂浆表面与内部质量状况一致时，回弹值与抗压强度值之间有着必然的联系，但砂浆的原材料、施工工艺、龄期、养护条件等因素对砂浆的回弹值与抗压强度值都有着不同的影响。通常影响砂浆抗压强度与回弹值的因素并不都是一致的，某些因素只对其中的一项有影响，而对另一项不产生影响或影响甚微，因此相关关系相当复杂。

课题组在研究制定回弹法检测砌筑砂浆山东省地区曲线时，对某些较重要的影响因素，如水泥品种、外加剂品种、养护方法、碳化深度等方面进行了深入细致的研究，对于某些不明显影响检测精度的因素，没有考虑。下面介绍课题组的研究结果。

3.3.2 测点弹击次数选择

回弹法检测砌筑砂浆，在同一测点弹击多次，每次的回弹值均有较大不同。通常情况是同一测点弹击的次数越多，其回弹值就越大；但有时砂浆不饱满，也会出现异常。现有的回弹法标准都取第三次回弹值为强度推定依据。

课题组在砌筑的试验墙体上回弹测试，每一测点弹击 6 次，分别记录为 HT1、HT2、HT3、HT4、HT5、HT6。对弹击次数进行分析，低强度砂浆第一、二次回弹值通常是 0，所以，HT1、HT2 不适于作为强度推定依据。现将砂浆回弹值 HT3、HT4、HT5、HT6 与砂浆试块抗压强度进行回归分析，对比 HT3、HT4、HT5、HT6 与强度回归方程的相关系数 R 及剩余标准离差 S，相关系数 R 越大而剩余标准离差 S 越小，则相关关系越显著，回归方程精度越高。

由图 3-5 可以看出，同一强度值对应不同弹击次数的回弹值，HT3 小于 HT4，HT4 小于 HT5，HT5、HT6 基本相同。

回归方程对比如下：

第三次回弹值 HT3 与砂浆强度回归方程：
$$y=0.0022x^{2.4733} \qquad R=0.831, S=2.84$$

第四次回弹值 HT4 与砂浆强度回归方程：
$$y=0.0012x^{2.6134} \qquad R=0.839, S=2.81$$

第五次回弹值 HT5 与砂浆强度回归方程：
$$y=0.0009x^{2.6613} \qquad R=0.824, S=2.70$$

第六次回弹值 HT6 与砂浆强度回归方程：
$$y=0.0004x^{2.8608} \qquad R=0.835, S=3.07$$

分析 HT3、HT4、HT5、HT6 与强度回归方程，相关系数相差不大，曲线形状、发展趋势相似，为减轻回弹检测工作量，取第三次回弹值为强度推定依据。

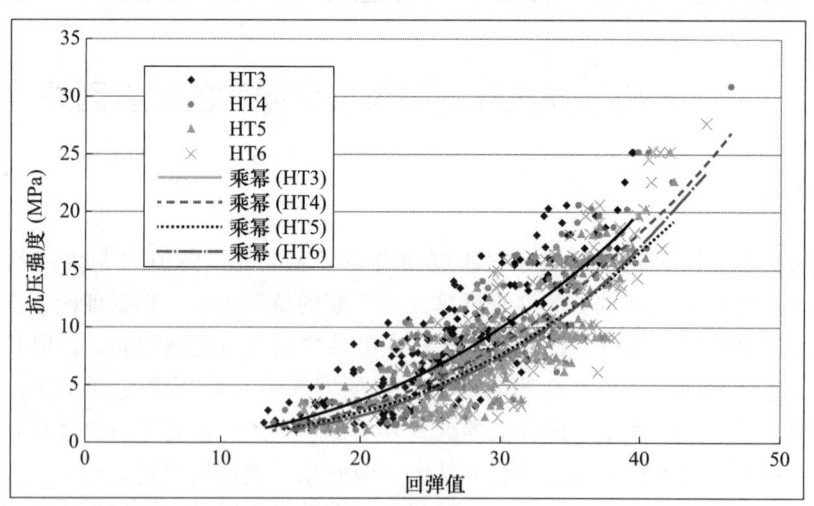

图 3-5 回弹次数对比

3.3.3 砌块材料对砂浆回弹检测的影响

为减少对耕地的大量破坏，减轻结构自重，近年来我国大刀阔斧地致力于墙体材料改革，大量使用各种新型砌块材料。由于不同砌块材料的吸水性不同，对灰缝砂浆的约束作用也不同，所以，对回弹法测强会有一定影响。

采用目前常用的烧结粉煤灰砖、烧结煤矸石砖、烧结黏土砖、烧结多孔砖、混凝土空心砌块、毛石等砌块材料砌筑砌体，砌筑砂浆强度等级采用 M0.4、M1、M2.5、M5、M10、M15、M20。不同砌块材料的砌筑砂浆回弹值—抗压强度回归曲线对比证明，由于烧结普通砖与烧结多孔砖均为烧结材料，其吸水性及对水平灰缝砂浆的约束很接近，所以回归曲线很接近；混凝土空心砌块吸水性差、强度偏低，但它对水平灰缝砂浆的约束作用较强，回弹值偏高；毛石砌块水平灰缝宽度不均匀，砂浆表面状况较差，不易打磨，所以回归曲线的相关性较差。

砌体结构中砌块可分为烧结砌块材料和非烧结砌块材料，还可分为普通实心砌块和空心砌块。砌筑砂浆立方体抗压强度值按试模和制作方法不同分有底模和无底模两种，同条件制作、同期试验的不同砌块材料砌体，砌筑砂浆的回弹值与立方体抗压强度值回归曲线对比见图3-6、图3-7。

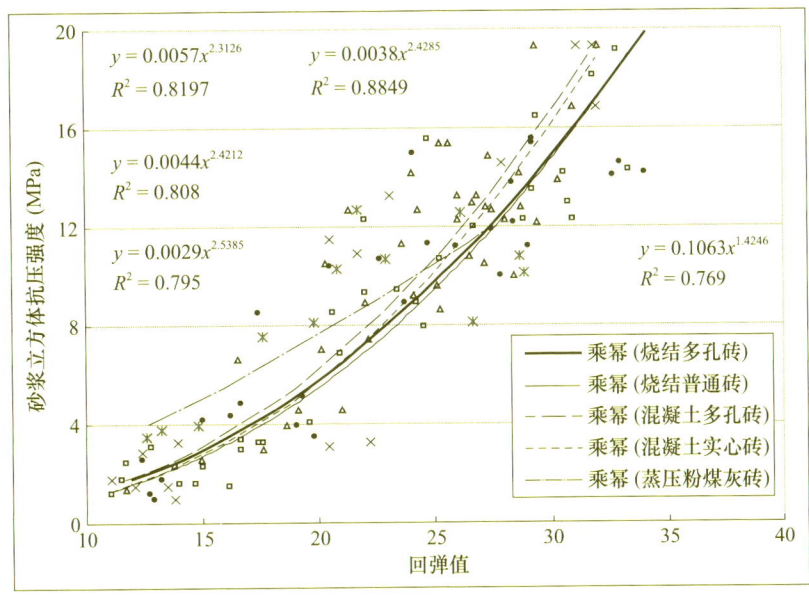

图3-6 有底模-不同种类砌块砂浆回弹值—抗压强度数据对比

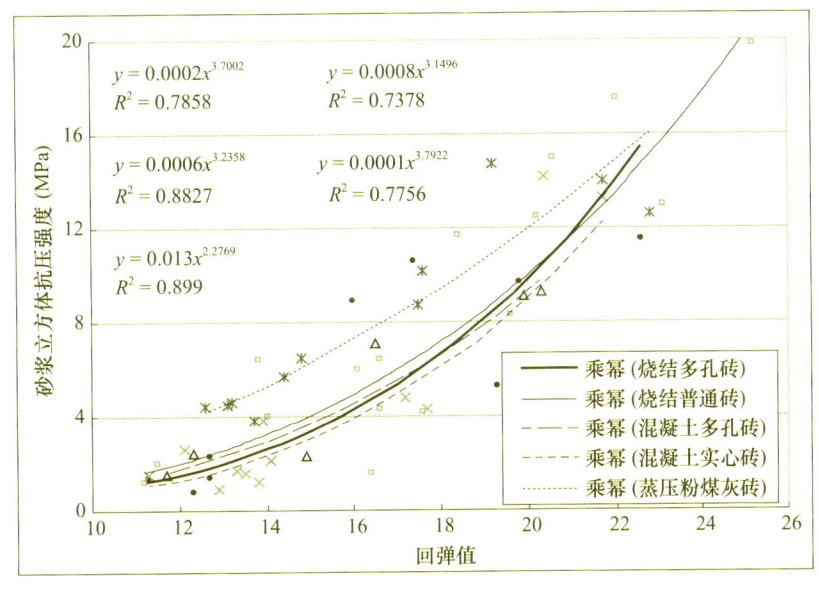

图3-7 无底模-不同种类砌块砂浆回弹值—抗压强度数据对比

由图 3-6、图 3-7 分析，烧结多孔砖、烧结普通砖、混凝土多孔砖、混凝土实心砖回归曲线很接近，说明烧结砖、混凝土砌块等对砌筑砂浆回弹检测影响不显著，而蒸压粉煤灰砖回归曲线偏离较大。

在此需说明：试验砌体 2011 年 7 月砌筑，蒸压粉煤灰砖砌体依据《蒸压粉煤灰砖建筑技术规范》(CECS 256—2009) 砌筑，《蒸压粉煤灰砖建筑技术规范》(CECS 256—2009) 第 6.2.2 条规定：铺砌前不应对块材浇水，在必要时，可调整砂浆稠度来适应块材的吸水速度。在干热气候下，也可在砌筑前适当喷水，以减少砖的吸水。

《砌体结构工程施工质量验收规范》(GB 50203—2011) 2012 年 5 月实施，此规范第 5.1.6 条规定："砌筑烧结普通砖、烧结多孔砖、蒸压灰砂砖、蒸压粉煤灰砖砌体时，砖应提前 1~2d 适度湿润，严禁采用干砖或处于吸水饱和状态的砖砌筑。其他非烧结类块体的相对含水率在 40%~50%。"

图 3-6、图 3-7 中蒸压粉煤灰砖砌体，回弹值明显偏低，分析认为试验蒸压粉煤灰砖砌体为干砖砌筑，因蒸压粉煤灰砖早期吸水较快，所以砌筑砂浆早期失水较快，砂浆表面硬度因早期失水较快，水泥未能充分水化，硬度较低，回弹值偏低。制定回弹法测强曲线时应严格按照施工标准要求准备原材料，严格控制砌块材料含水率。

按《砌体结构工程施工质量验收规范》(GB 50203—2011) 分析施工蒸压粉煤灰砖砌体的回弹性能，2013 年进行蒸压粉煤灰砖砌体回弹法检测验证试验。试验结果：蒸压粉煤灰砖砌体砌筑砂浆试验数据与其他砌体试验数据分区不明显，蒸压粉煤灰砖砌体砌筑砂浆回弹值按山东省测强曲线进行计算，测区砂浆强度换算值与标准砂浆试块强度值相对误差不大于 15%，考虑砂浆强度离散性较大，此误差在允许范围内。

3.3.4 砌筑砂浆种类对回弹值的影响

2000 年，试验数据按原材料不同，将砌筑砂浆分为水泥砂浆、混合砂浆、粉煤灰砂浆、微沫砂浆、防冻砂浆，粉煤灰砂浆是以优质粉煤灰取代部分水泥的水泥砂浆，微沫砂浆中加入砂浆微沫剂，防冻砂浆中加入砂浆防冻剂，各种砌筑砂浆的回弹数据对比结果见图 3-8。

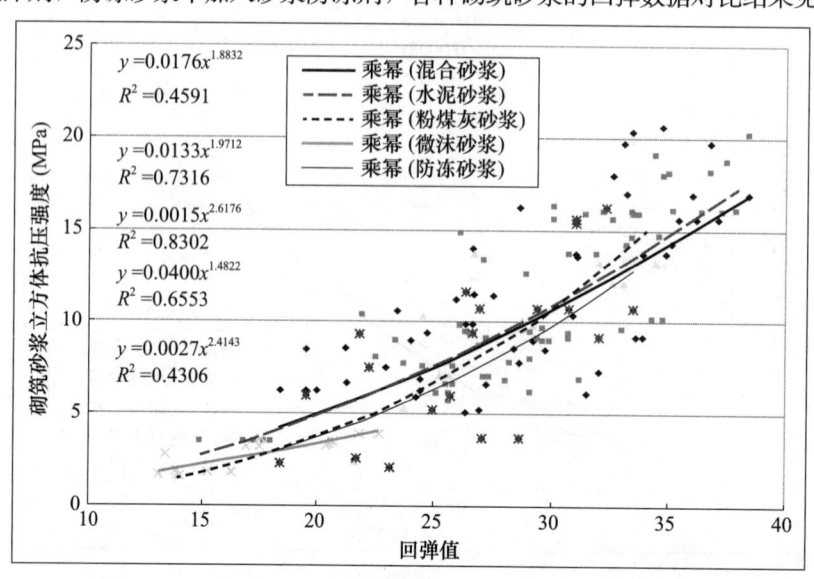

图 3-8 2000 年不同种类砂浆回弹数据对比

由图 3-8 看出，水泥砂浆与混合砂浆的回归曲线基本重合，粉煤灰砂浆、防冻砂浆回归曲线比较接近，微沫砂浆强度太低没有可比性。为得到准确的回归曲线，课题组分别建立了水泥砂浆、混合砂浆回弹法测强曲线，其他砂浆验证后使用，或在使用时进行修正。

2010 年对砌体结构中常用三种砂浆，即水泥砂浆、混合砂浆、预拌砂浆再次分类进行对比试验，预拌砂浆采用 50%天然砂、50%人工砂，同时以优质粉煤灰取代部分水泥，回弹数据对比结果见图 3-9。

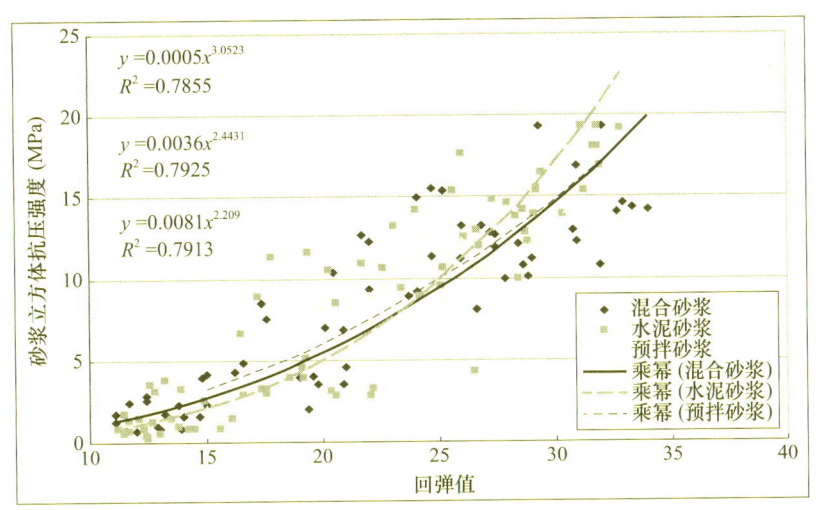

图 3-9　2010 年不同种类砂浆回弹检测数据对比

由图 3-9 看出，三种砂浆回弹数据比较接近，考虑回弹法检测数据本身的离散性，可以认为砂浆种类对回弹法检测影响不显著。

3.3.5　砂的粗细对回弹值的影响

砂的细度对砌筑砂浆的抗压强度有较大影响。为此，课题组分别对粗砂、中砂、细砂搅拌砂浆的回弹值进行回归对比分析，结果证明：水灰比、骨灰比相同条件下，细砂配制的砂浆强度远远低于中砂和粗砂，回弹值离散性很大，回归曲线相关性较差；粗砂配制砂浆曲线回弹值随强度变化而变化的趋势不明显；粗砂和细砂配制的砌筑砂浆在强度低于 5MPa 时，其回弹值都高于中砂配制砂浆。细砂配制的砂浆抗压强度很低，工程上一般不用，很不安全，也不经济。粗砂配制砂浆回弹值与中砂配制砂浆回弹值有一定的差异，使用回弹法测强时应制定专用测强曲线。

3.3.6　碳化深度对回弹值的影响

水泥在水化过程中会游离出 $Ca(OH)_2$，与空气中的 H_2O 和 CO_2 反应，生成 $CaCO_3$，这就是砂浆的碳化。一般认为，$CaCO_3$ 硬度较大，砂浆表面生成 $CaCO_3$ 后，回弹值将增大，但砂浆强度不变，所以将影响砂浆回弹值—抗压强度曲线。

将砂浆试块试验数据按不同碳化深度值进行分级，划分出 0～1mm、1～3mm、3～5mm、5～10mm、>10mm 五个碳化深度等级，对这五组数据分别进行回归，各组数据回弹值与强度回归曲线对比见图 3-10。

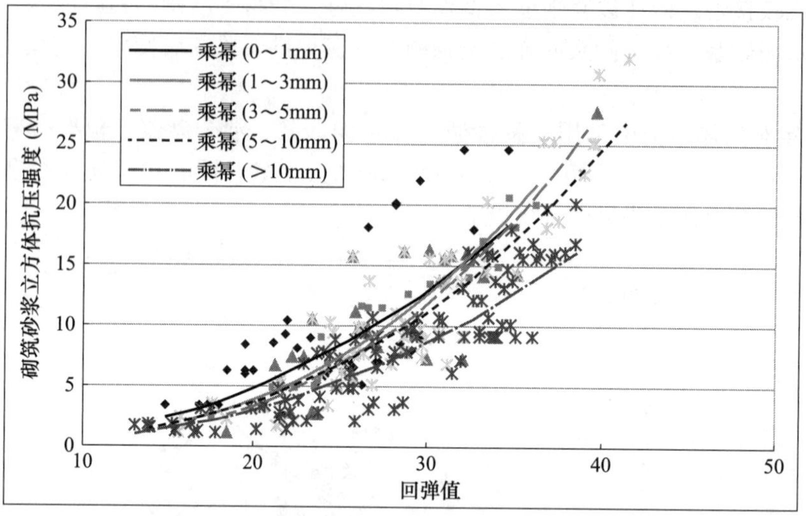

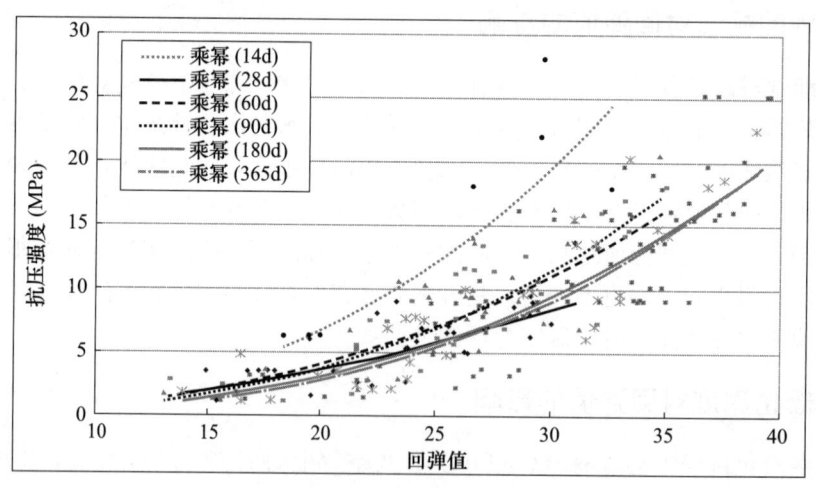

图 3-10　不同碳化深度回弹数据对比

由图 3-10 看出，回归曲线基本趋势是回弹值随碳化深度值增大而增大，且强度越高越明显。因此，山东省回弹法检测砌筑砂浆强度地区测强曲线引入了碳化深度这一变量。

3.3.7　龄期对回弹值影响

在适当的温度和湿度条件下，砂浆的抗压强度和表面硬度随着龄期的增长而增大，将试验数据按龄期划分为 14d、28d、60d、90d、180d、365d 分别进行回归分析，不同龄期回归曲线对比见图 3-11。

图 3-11　不同龄期回弹数据对比

由图 3-11 可以看出，在砂浆强度相同的条件下，14d 龄期的砂浆回弹值明显低于 28d 龄期以后的回弹值。试验过程中也发现龄期为 14d 时，砂浆墙体及试块还处于潮湿状态，砂浆的表面较软，所以回弹时数值较低。28d、60d、90d、180d、365d 龄期回归曲线很接近，说明砂浆 28d 龄期后，龄期对回弹值——强度曲线影响已不显著。

3.3.8 砌筑砂浆表面状况对回弹值的影响

《砌体结构工程施工质量验收规范》（GB 50203—2011）规定：砖砌体的水平灰缝厚度和竖向灰缝宽度宜为 10mm，但不应小于 8mm，也不应大于 12mm。砂浆回弹仪弹击端头直径为 8mm，因此，水平灰缝厚度小于 8mm 处不应设测点；目前砌体工程施工时，竖向灰缝砂浆饱满度不做要求，一般情况下竖向灰缝砂浆不饱满，因此，竖向灰缝处不应设测点。

回弹法检测砂浆强度的本质是通过砂浆表面硬度推算出砂浆抗压强度，因此，要保证所检测的砌筑砂浆内外质量一致，检测范围内的饰面层、粉刷层、勾缝砂浆、浮浆及表面损伤层等应清除干净；遭受高温、冻害、化学侵蚀、火灾等表面损伤的砂浆不能使用回弹法测强。

砌体水平灰缝砂浆自然状态是不平整的，有外凸形、内凹形、倾斜形等，但只有水平灰缝砂浆平整饱满时，回弹仪弹击端头与砂浆表面才能平稳接触，回弹值才是稳定可靠的，因此，测点应选择在饱满的水平灰缝上，必要时应打磨平整。

3.3.9 砂浆试块回弹值与砌体中砌筑砂浆回弹值对比

砂浆试块与砂浆砌体在制作过程、养护、表面状况、约束作用等方面都不同，它们的回弹值必然有差异。将砂浆试块与砂浆砌体测强曲线进行对比分析，结果见图 3-12。

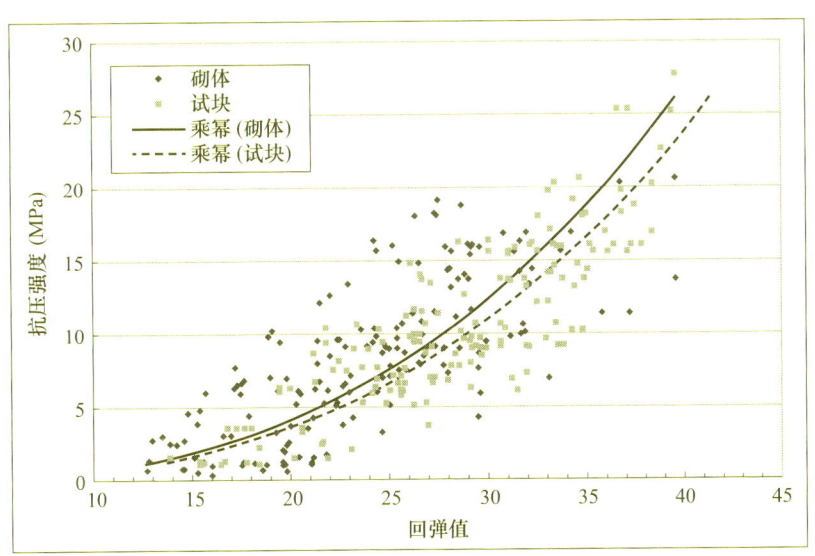

图 3-12　砂浆砌体与砂浆试块回弹值对比

由图 3-12 看出，试块回弹值高于砌体回弹值约 10%，两者曲线发展趋势相同，砌体回弹值比试块回弹值离散性大，回归曲线相关系数小，但在砌体上回弹的情况与现场回弹检测操作情况一致，其结论更有价值。

3.4 回弹法检测砌筑砂浆强度技术要点

3.4.1 回弹法检测砌筑砂浆强度国家标准与山东省地方标准对比

目前全国通用的回弹法检测砌筑砂浆强度技术标准为《砌体工程现场检测技术标准》(GB/T 50315—2011)，一些有条件的省市考虑本地原材料、气候条件、施工技术等实际情况，建立本地区回弹法测强曲线，并编制出本地区地方标准。

山东省2022年发布《回弹法检测砌筑砂浆抗压强度技术规程》(DB37/T 2367—2022)，此标准有以下特点：

（1）国家标准《砌体工程现场检测技术标准》(GB/T 50315—2011)所用测强曲线是当年四川省地方标准的测强曲线，仅适用于检测烧结普通砖和烧结多孔砖墙体中的砂浆强度。山东省地方标准编制组全面考虑了煤矸石、粉煤灰、页岩等新型烧结普通砖和多孔砖，同时重点考虑粉煤灰蒸压砖、混凝土实心砖、混凝土多孔砖、小型砌块及加气混凝土砌块等新型墙材，所确定山东地区测强曲线适用范围更广，精度更高。

（2）按批抽样检测抽样方法依据现行国家标准《建筑结构检测技术标准》(GB/T 50344—2019)及《计抽样检验程序 第1部分：按接收质量限（AQL）检索的逐批检验抽样计划》(GB/T 2828.1—2012)。

（3）异常数据判断和处理依据《数据的统计处理和解释——正态样本离群值的判断和处理》(GB/T 4883—2008)。

（4）砌体及砌筑砂浆强度推定与《砌体工程现场检测技术标准》(GB/T 50315—2011)一致。

以下内容未加说明的皆依据山东省地方标准《回弹法检测砌筑砂浆抗压强度技术规程》(DB37/T 2367—2022)论述。

3.4.2 回弹法适用范围

1. 使用回弹法检测砌筑砂浆强度，适合下列条件的砌筑砂浆：

（1）符合普通砌筑砂浆用材料、拌和用水的质量标准，采用中砂。

大量试验证明，水泥品种、掺加料等对测强影响不大，因此规定原材料应符合普通砌筑砂浆用材料、拌合用水的质量标准；拌制砂浆用砂的细度对测强影响较大，由于山东省建筑工程所用砌筑砂浆以中砂为主，山东地区测强曲线按中砂确定，所以《回弹法检测砌筑砂浆抗压强度技术规程》(DB37/T 2367—2022)规定仅适用于采用中砂的砌筑砂浆。

（2）采用普通施工方法。

普通施工方法是指砌筑砂浆采用一般人工或机械搅拌，人工砌筑成型。

（3）自然养护且砂浆表层为自然风干状态。

自然养护是目前砌体结构最普遍的养护方法。砂浆表面含水率对测强影响较大，因此，回弹检测面应为自然风干状态。

（4）龄期不少于14d。

龄期较短时，墙体砂浆还处于潮湿状态，砂浆表面较软，此时检测的结果较实际值低。砌筑砂浆表面要达到自然风干状态一般需 14d 以上。

(5) 抗压强度不小于 2.0MPa。

砂浆离散性较大，砌筑砂浆强度低于 2.0MPa 时，回弹仪指针有时不动，无法读数。

2. 使用回弹法检测砌筑砂浆强度，不适合下列条件的砌筑砂浆：

(1) 测试部位表层与内部的质量有明显的差异或内部存在缺陷。

回弹法检测砂浆强度的前提是认为砌筑砂浆表面和内部均匀一致，通过检测砌筑砂浆的表面硬度来推定砂浆的抗压强度。当砂浆表面与与内部质量不一致或内部存在缺陷时，测试得出的结果与实际值偏差较大。

(2) 遭受化学腐蚀、高温、火灾或冻伤。

当砌筑砂浆遭受上述灾害时，与建立测强曲线的砂浆在性能上有较大差异，且砂浆的内外质量可能存在较大不同。

3. 当有下列情况之一时，不得按回弹法检测砌筑砂浆强度技术规程换算测区砂浆强度值，但可制定专用测强曲线或通过试验进行修正：

(1) 粗砂或细砂配制砂浆。

试验研究过程中，分别对粗砂、中砂、细砂配制砂浆进行对比分析，粗砂配制砂浆回弹值随强度变化而变化的趋势不明显，细砂配制砂浆回弹值离散性很大，相关性较差。考虑现场检测工程的复杂性，对于以粗砂或细砂配制砂浆的工程可制定专用测强曲线。

(2) 特种成型工艺制作的砂浆。

试验研究过程中，采用的人工搅拌和机械搅拌两种搅拌方式，对特种施工工艺未做研究，为保证检测准确性做此规定。

(3) 掺微沫剂、引气剂砂浆。

试验证明，砌筑砂浆中掺入微沫剂或引气剂后，砂浆性能、强度、表面状态将发生很大变化，砂浆回弹值、抗压强度离散性较大，回弹检测准确性降低。

(4) 长期处于高温、潮湿环境或浸水砂浆。

建立山东地区回弹法检测砌筑砂浆强度测强曲线时，全部采用自然干燥状态砌筑砂浆，长期处于高温、潮湿或浸水环境的砂浆，其表面状态与自然干燥状态砂浆相比会有较大差异，使回弹值产生较大偏差。

(5) 混凝土空心砌块砌体中砂浆。

试验证明，混凝土空心砌块砌体中砂浆回弹值偏低，离散性较大，所以不能直接采用普通测强曲线。

4. 注意事项

测强曲线只适用于与制定该类测强曲线条件相同的砂浆，不得外推。应经常抽取一定数量的同条件试件进行校核，发现有显著差异时，要及时查找原因，采取措施，否则不得继续使用。

3.4.3 检测准备

1. 检测前宜收集的资料详见本书第 2.2.1 条。

2. 检测方式选择

国家标准《砌体工程现场检测技术标准》(GB/T 50315—2011) 中规定：当检测对

象为整栋建筑物或建筑物的一部分时,应将其划分为一个或若干个可以独立进行分析的结构单元,每一结构单元应划分为若干个检测单元。明确提出检测单元的概念,以检测单元为检测的样本。

《砌体工程现场检测技术标准》(GB/T 50315—2011)条文说明中解释:在每一个结构单元,对新施工建筑,将同一材料品种、同一等级250m³砌体作为一个母体,进行测区和测点的布置,此母体称作"检测单元";故一个结构单元可以划分为一个或数个检测单元;当仅仅对单个构件(墙片、柱)或不超过250m³的同一材料品种、同一等级的砌体进行检测时,亦将此作为一个检测单元。

山东省地方标准《回弹法检测砌筑砂浆抗压强度技术规程》(DB37/T 2367—2022)规定:检测砌筑砂浆抗压强度可采用下列两种方式。

a)单个构件检测:适用于单独的砌体结构或构件的检测;当检测批样本容量少于9个时,按单个构件检测,单个构件检测结论不得扩大到未检测的构件或范围;

b)按批抽样检测:适用于检测批砌体结构检测。

大型结构可按施工顺序、位置等划分为若干个检测区域,每个检测区域作为一个独立构件,根据检测区域数量及检测需要,选择检测方式。

3. 按批抽样检测

国家标准《砌体工程现场检测技术标准》(GB/T 50315—2011)中规定:每个检测单元内,不宜少于6个测区,应将单个构件(单片墙体、柱)作为一个测区。当一个检测单元不足6个构件时,应将每个构件作为一个测区。每个测区不应少于5个测位,每个测位均匀布置12个测点。

山东省地方标准《回弹法检测砌筑砂浆抗压强度技术规程》(DB37/T 2367—2022)规定:按批抽样检测时,应进行随机抽样,且抽测构件最小数量应符合规定。详见本书第2.2节。

3.4.4 测区布置

国家标准《砌体工程现场检测技术标准》(GB/T 50315—2011)中规定,测位宜选在承重墙的可测面上,并应避开门窗洞口及预埋件等附近的墙体。墙面上每个测位的面积宜大于0.3m²。

测位处应按下列要求进行处理:

1)粉刷层、勾缝砂浆、污物等应清除干净;
2)弹击点处的砂浆表面,应仔细打磨平整,并应除去浮灰;
3)磨掉表面砂浆的深度应为5~10mm,且不应小于5mm。

墙体水平灰缝砌筑不饱满或表面粗糙且无法磨平时,不得采用砂浆回弹法检测砂浆强度。

山东省地方标准《回弹法检测砌筑砂浆抗压强度技术规程》(DB37/T 2367—2022)规定测区布置应符合下列要求:

a)单个构件检测时,测区数不应少于3个,对尺寸较小的构件,测区数量可适当减少,相邻两测区间距不宜大于2m,测区距离构件底部不大于0.5m;

b)按批抽样检测时,根据被测构件的面积及砌筑砂浆质量状况,每个独立构件应布置 1～3 个测区，检测批测区总数不得少于 15 个；

c) 测区应均匀分布，不宜在墙体同一水平面内，每个测区应不少于 6 条水平灰缝，每个测区的面积宜控制在 0.5 m² 左右；

d) 砌体表面粉刷层、勾缝砂浆、污物等应清除干净，且不应有残留的粉末和碎屑；

e) 弹击点处砂浆表面应打磨平整，并应除去浮灰；

f) 被检测灰缝应平整、饱满，其厚度不应小于 7mm，避开竖缝位置和预埋件的边缘不应小于 30mm，避开门窗洞口、后砌洞口不应小于 100mm。

3.4.5 回弹值测量与计算

1. 回弹值测量

国家标准《砌体工程现场检测技术标准》（GB/T 50315—2011）中规定：每一测位内应均匀布置 12 个弹击点，测点应避开砖的边缘、灰缝中的气孔或松动的砂浆。相邻两弹击点的间距不应小于 20mm。

山东省地方标准《回弹法检测砌筑砂浆抗压强度技术规程》（DB37/T 2367—2022）规定：每一测区应测试 12 个点，测点应均匀分布在砌体的水平灰缝上，不得在竖缝上布置测点，相邻测点水平间距不宜小于 240mm，同一测区每条灰缝测点不宜多于 2 个。

检测时回弹仪应垂直于砌筑砂浆检测面并处于水平状态，在每一测点上，缓慢施压，快速复位，使用回弹仪连续弹击 3 次且不得移位，第 1、2 次不读数，仅记读第 3 次回弹值，读数精确至 1。回弹仪应始终处于水平状态，其轴线应垂直于砂浆表面，且不得移位。

测区宜标有清晰的编号，必要时可在记录纸上描述测区布置示意图和外观质量情况。

相邻测点水平间距山东省地方标准与国家标准要求不同，山东省地方标准考虑砌筑墙体一般面积较大，测点太集中缺乏代表性。

2. 回弹值计算

计算测区平均回弹值时，应从该测区的 12 个回弹值中剔除 1 个最大值和 1 个最小值，然后将余下的 10 个回弹值按下列公式计算：

$$R_m = \frac{\sum_{i=1}^{10} R_i}{10} \tag{3-4}$$

式中　R_m——测区回弹平均值，精确至 0.1；

　　　R_i——第 i 个测点的回弹值，精确至 1。

3.4.6 碳化深度值测量与计算

1. 碳化深度值测量

国家标准《砌体工程现场检测技术标准》（GB/T 50315—2011）中规定：在每一测位内，应选择 3 处灰缝，并应采用工具在测区表面打凿出直径约 10mm 的孔洞，其深度应大于砌筑砂浆的碳化深度，应清除孔洞中的粉末和碎屑，且不得用水擦洗，然后采用浓度为 1%～2% 的酚酞酒精溶液滴在孔洞内壁边缘处，当已碳化与未碳化界限清晰时，应采用碳化深度测定仪或游标卡尺测量已碳化与未碳化砂浆交界面到灰缝表面的垂直距离。

山东省地方标准《回弹法检测砌筑砂浆抗压强度技术规程》(DB37/T 2367—2022)规定：回弹值测量完毕后，应选择不少于30%测区在有代表性的位置上测量碳化深度值，若相邻测区碳化深度值相差超过2mm时，应对每一测区的碳化深度值分别测量。

测量碳化深度值时，可用合适的工具在测点表面形成直径约15mm的孔洞，其深度大于6mm；然后除净孔洞中的粉末和碎屑，不应用水冲洗，再采用浓度为1%酚酞酒精溶液喷在孔洞内壁的边缘处，当已碳化与未碳化界限清晰时，选择有代表性位置，用深度测量工具测量已碳化与未碳化砂浆交界面到砂浆表面的垂直距离，读数精确至1mm，记录碳化深度值。

2. 碳化深度值计算

构件的碳化深度平均值按下列公式计算：

$$d_m = \frac{\sum_{i=1}^{n} d_i}{n} \tag{3-5}$$

式中 d_m——构件的碳化深度平均值，精确至0.5mm；

d_i——第i次测点的碳化深度值，精确至0.5mm；

n——构件的碳化深度测量次数。

按式（3-5）计算出的碳化深度平均值d_m如大于6.0mm，则碳化深度平均值d_m按等于6.0mm计算。

3.5 回弹法检测砌筑砂浆抗压强度测强曲线

1. 《砌体工程现场检测技术标准》(GB/T 50315—2011)第12.4.3条规定：第i测区第j个测位的砂浆强度换算值，应根据该测位的回弹平均值和碳化深度平均值，分别按下列公式计算：

$d \leqslant 1.0$mm时：

$$f_{2ij} = 13.97 \times 10^{-5} R^{3.57} \tag{3-6}$$

1.0mm$< d < 3.0$mm时：

$$f_{2ij} = 4.85 \times 10^{-4} R^{3.04} \tag{3-7}$$

$d \geqslant 3.0$mm时：

$$f_{2ij} = 6.34 \times 10^{-5} R^{3.60} \tag{3-8}$$

式中 f_{2ij}——第i测区第j个测位的砂浆强度换算值（MPa）；

d——第i测区第j个测位的碳化深度平均值（mm）；

R——第i测区第j个测位的回弹平均值。

2. 山东省地方标准《回弹法检测砌筑砂浆抗压强度技术规程》(DB37/T 2367—2022)测强曲线

（1）按《建筑砂浆基本性能试验方法标准》(JGJ/T 70—2009)要求制作试块（砂浆试模带底模）测强曲线。

a) 当砌筑砂浆碳化深度小于或等于 6mm 时,第 i 测区砂浆强度换算值应按公式 (3-9) 计算。

$$f_{cu,i} = 0.0226 R_m^{1.8638} 10^{(-0.019 d_m)} \tag{3-9}$$

式中 $f_{cu,i}$——第 i 测区的砂浆强度换算值,精确到 0.1MPa。

b) 当砌筑砂浆碳化深度大于 6mm 时,第 i 测区砂浆强度换算值应按公式 (3-10) 计算。

$$f_{cu,i} = 0.0052 R_m^{2.254} \tag{3-10}$$

(2) 按《建筑砂浆基本性能试验方法标准》(JGJ/T 70—2009) 实施前的标准要求制作试块 (砂浆试模不带底模) 测强曲线。

《建筑砂浆基本性能试验方法标准》(JGJ/T 70—2009) 实施前施工工程,制作试块时砂浆试模不带底模,第 i 测区砂浆强度换算值应按公式 (3-11) 计算。

$$f_{cu,i} = 0.012 R_m^{1.998} \tag{3-11}$$

回弹法检测砌筑砂浆抗压强度推定值计算详见第 2 章 2.4 节。

第4章 贯入法检测砌筑砂浆强度技术

4.1 贯入法概述

4.1.1 贯入法定义

贯入法是指通过贯入仪压缩工作弹簧加荷，把特制测钉贯入砂浆中，根据测钉的贯入深度来推定砌筑砂浆强度的方法。其实质是通过检测砌筑砂浆的贯入阻力来推定砂浆的抗压强度。测钉射入深度越深，对应材料的抗压强度就越低。即测钉射入深度和材料抗压强度相关。

4.1.2 贯入法的基本原理

贯入法的工作原理是将一根特制的测钉安装在贯入仪杆的顶端，压缩贯入杆上工作弹簧，使贯入仪挂钩棘爪锁住贯入杆，此时贯入杆受力，工作弹簧因压缩获得势能，使贯入仪前端扁头对准被测砌体灰缝砂浆中部，扣动扳机，释放工作弹簧，被压缩的工作弹簧恢复自由状态，释放因压缩获得的势能，推动测钉迅速地贯入砂浆中。测钉在获取恒定的能量后在砂浆灰缝上形成测孔。用贯入深度测量表测量测钉在砂浆中的贯入深度，并根据强度曲线计算砌筑砂浆强度。

4.1.3 贯入法检测砌筑砂浆强度的优越性

（1）贯入仪操作简单，性能稳定可靠；
（2）检测步骤简便，检测技术易于掌握；
（3）影响检测精度的因素相对较少，砌筑砂浆的贯入阻力与砂浆的抗压强度之间相关性好，易于建立测强相关曲线；
（4）检测不受构件形状、大小等条件限制，迅速、灵活，特别适用于量大面广的现场砂浆强度检测；
（5）检测过程对砌体结构无损伤，检测后不影响其使用。

4.2 贯入式砂浆强度检测仪

4.2.1 仪器研制

加拿大和美国首先研制开发出一种早期混凝土强度贯入检测仪（PPR-meter），这种仪器是用来检测混凝土早期强度的，所检测的混凝土强度范围为 3.1~24.1MPa。考虑到这一强度范围与砌体中砌筑砂浆的强度范围比较相符，在充分吸收进口仪器优点的基础上，结合砌体中砌筑砂浆强度检测的特殊要求，中国建筑科学研究院对其进行改进和重新设计，对仪器的一些重要参数和性能进行了优选，使其强度检测范围能够满足0.3~20.0MPa的要求，开发研制出SJY800型贯入式砂浆强度检测仪（以下简称"贯入仪"）。

利用弹簧来提供贯入仪的贯入能量，优点是保证了测钉每次贯入的能量能够保持一致，而且在保证弹簧刚度和工作长度一致的条件下，各台贯入仪之间的贯入能量也保持一致，使一台仪器建立的测强曲线可以适用于任一台仪器，为贯入法检测技术的推广和应用提供了必要的保证。

4.2.2 主要仪器构造

贯入法检测砂浆强度使用的仪器应包括贯入仪、贯入深度测量表。

贯入仪构造见图4-1，贯入深度测量表构造见图4-2。

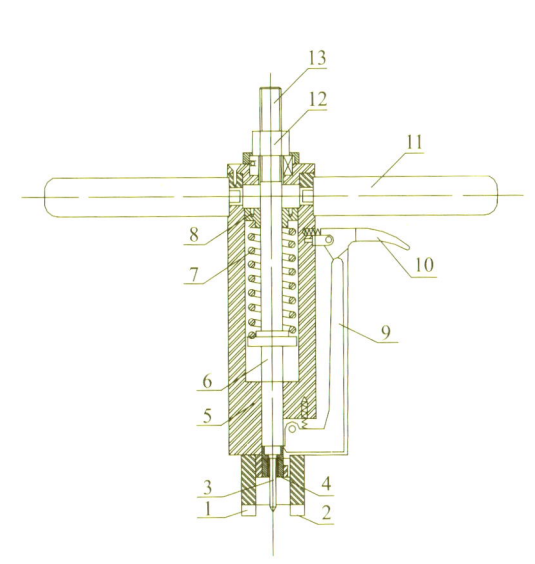

1—扁头；2—扁头端面；3—测钉；4—贯入杆端面；
5—主体；6—贯入杆；7—工作弹簧；8—调整螺母；9—挂钩；
10—扳机；11—把手；12—螺母；13—贯入杆外端。

图4-1 贯入仪构造示意图

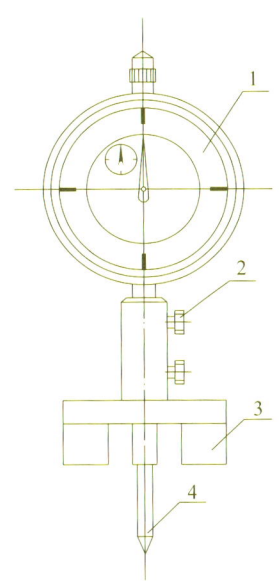

1—百分表；2—锁紧螺钉；
3—扁头；4—测头。

图4-2 贯入深度测量表构造示意图

4.2.3 技术要求

贯入仪是针对砌筑砂浆强度检测的特殊要求，通过试验研究设计的。贯入深度测量表是用机械式百分表改制而成，具有精度高且可靠耐用的特点。

贯入仪及贯入深度测量表必须具有制造工厂的产品合格证及校准单位的测试合格证。在贯入仪明显的位置上，应有下列标志：名称、型号、制造厂名、商标、出厂编号、出厂日期等。仪器外壳不允许有碰撞和摔落的明显损伤。

1. 贯入仪应符合下列技术要求：
(1) 贯入力应为 800±8N；
(2) 工作行程应为 20.0±0.10mm。

2. 贯入深度测量表应符合下列技术要求：
(1) 测头外露长度应为 20±0.02mm；
(2) 分度值应为 0.01mm。

3. 测钉长度应为 40.0±0.10mm，直径应为 3.5mm，尖端锥度应为 45°，测钉量规的量规槽长度应为 $39.5_0^{+0.10}$mm。

测钉量规的作用是随时检测测钉长度，确定测钉磨损情况，若测钉长度小于 39.5mm，说明测钉端部磨损较大，此测钉不得继续使用。

4.2.4 操作、保养及校准

1. 操作

贯入法检测砌筑砂浆强度应按下列程序操作：

(1) 每次试验前，应清除测钉上附着的砂浆灰渣等杂物，同时用测钉量规检验测钉的长度，测钉不能通过测钉量规槽时，方可使用，否则应重新选用新的测钉；
(2) 将测钉插入贯入杆的测钉座中，测钉尖端朝外，固定好测钉；
(3) 压缩工作弹簧，挂上挂钩；
(4) 将贯入仪扁头对准灰缝中间，并垂直贴在被测砌体灰缝砂浆的表面，握住贯入仪把手，扳动扳机，将测钉贯入被测砂浆中；
(5) 操作过程中，当测点处的灰缝砂浆存在空洞或测点周围砂浆不完整时，该测点应作废，另选测点补测；
(6) 用贯入深度测量表测量测钉在砂浆中的贯入深度。

2. 保养

(1) 贯入仪使用完毕后应清除仪器表面和外壳上的污垢、尘土。在闲置和保存时，应将仪器装入箱内，平放在干燥阴凉处，工作弹簧应处于自由状态。
(2) 贯入仪不得随意拆装，不得自制或更换零部件。

3. 校准

贯入仪及贯入深度测量表应校准合格再使用，校准周期不宜超过一年，当遇到下列情况之一时，需进行校准：

(1) 新仪器启用前；
(2) 达到校准有效期；
(3) 更换主要零件或对仪器进行过调整；
(4) 检测数据异常；
(5) 零部件松动；
(6) 遭遇撞击或其他损坏；
(7) 累计贯入次数超过 10000 次。

4.2.5 常见故障及处理方法

1. 常见故障

贯入仪在使用中,有可能会出现工作弹簧断裂、挂钩断裂、铜螺母磨损、工作弹簧无法释放、贯入杆随螺母转动、挂钩磨损、测量表测头折断等问题,这时需要进行维修。

2. 故障处理方法

(1) 工作弹簧断裂。

出现这种情况时,贯入杆在自然状态下松动,贯入仪即使能挂上钩,但行程小,释放的能量也很小,需要重新更换弹簧。

(2) 挂钩断裂。

挂钩断裂,贯入仪挂不上钩,需要重新更换挂钩。

(3) 铜螺母磨损。

铜螺母磨损,贯入仪挂不上钩,需要重新更换铜螺母,为了延长铜螺母的寿命,应经常在贯入仪后端的减压轴承里添加一些润滑油,并保持贯入杆的清洁,减小铜螺母与贯入杆在工作时的摩擦力。

(4) 工作弹簧无法释放。

当扣动扳机时砂浆贯入仪无法释放出工作弹簧,表明贯入杆在加力时过猛被卡住,这时需要从贯入杆的后端向前给予冲击力,即可解决。

(5) 贯入杆随螺母转动。

贯入杆由一根销子固定只能上下运动,若销子折断,贯入杆便会随螺母一起转动,贯入仪很难挂钩,需要重新更换销子。

(6) 挂钩磨损。

挂钩磨损直接导致贯入仪无法挂钩,需要重新更换挂钩。

(7) 测量表测头折断。

贯入深度测量表系由百分表改制而成,在检测中保护不当容易摔坏,常见为测头摔折,百分表应重新校准,若百分表本身没问题,可仅更换测头,若百分表损坏则应更换一块新测量表。

上述各种故障在排除后均应对贯入仪重新进行校准。

4.3 影响贯入法检测砌筑砂浆强度的主要因素

课题组在研究制定贯入法检测砌筑砂浆山东省地区曲线时,对某些较重要的影响因素,如砂浆原材料、碳化深度、龄期、灰缝表面状况、砌块材料等方面进行了细致深入的研究。下面介绍试验研究成果。

4.3.1 砂浆原材料对贯入深度值的影响

砂浆原材料对砂浆强度、硬度、表面状况等有一些影响,按原材料不同将砂浆分为水泥砂浆、混合砂浆、粉煤灰砂浆、微沫砂浆、防冻砂浆,对各种砂浆分别进行回归对比，回归曲线见图4-3。

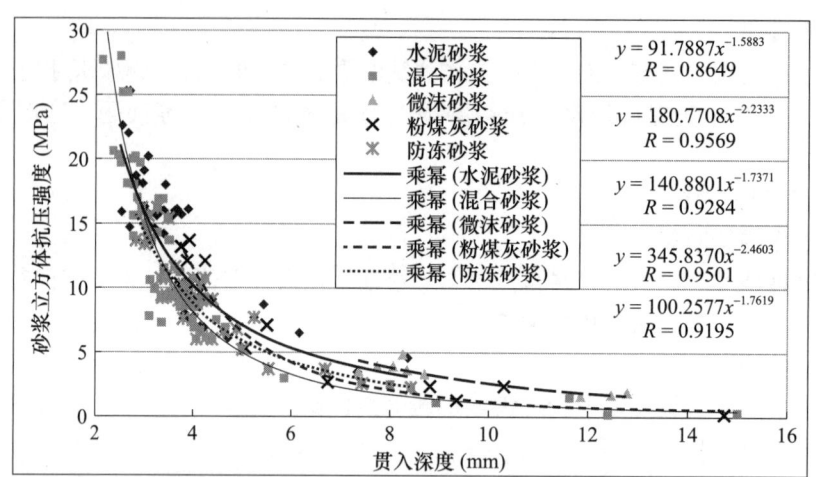

图4-3 不同种类砂浆贯入深度-抗压强度曲线对比

由图4-3可以看出，水泥砂浆与混合砂浆回归曲线有差异，但试验数据没有明显分区，粉煤灰砂浆、微沫砂浆、防冻砂浆回归曲线比较接近。行业标准《贯入法检测砌筑砂浆抗压强度技术规程》(JGJ/T 136—2017)分别给出预拌砂浆、水泥砂浆和混合砂浆的测强曲线。山东省数据对比，预拌砂浆、水泥砂浆和混合砂浆测强曲线计算结果相差不大，考虑砂浆本身强度离散性较大，为简化计算，山东省地方标准中预拌砂浆、水泥砂浆和混合砂浆采用同一条测强曲线。

4.3.2 碳化深度对贯入深度值的影响

砂浆内水泥水化过程中游离出氢氧化钙，在空气中水和二氧化碳作用下，砂浆表面氢氧化钙逐渐变成碳酸钙，这就是砂浆的碳化，按照与回弹相似的理论简单分析，碳酸钙硬度较大，砂浆表面生成碳酸钙后，砂浆贯入深度值将减小，但砂浆强度不变，所以将影响贯入深度——强度曲线，但贯入法冲击力比回弹法大几十倍，同时，贯入测钉前端尖锐，而砂浆与混凝土比较，表层碳酸钙较疏松，所以，理论分析碳化深度对贯入法影响不显著。

为研究碳化深度对贯入深度的影响，将砂浆试块试验数据按不同碳化深度值进行分级，划分出 [0～1]、[1～2]、[2～3]、[3～4]、[4～5]、[5～10]、>10mm 七个碳化深度等级，对这七组数据分别进行回归分析，各组数据贯入深度值与强度回归曲线对比见图4-4。

由图4-4分析，碳化深度值从0mm变化到大于10mm，其贯入深度值——抗压强度值回归曲线交错重叠，无明显变化规律，说明砂浆碳化深度值变化对其贯入深度值影响不大，使用贯入法检测砌体灰缝砂浆强度可不考虑碳化深度的影响。

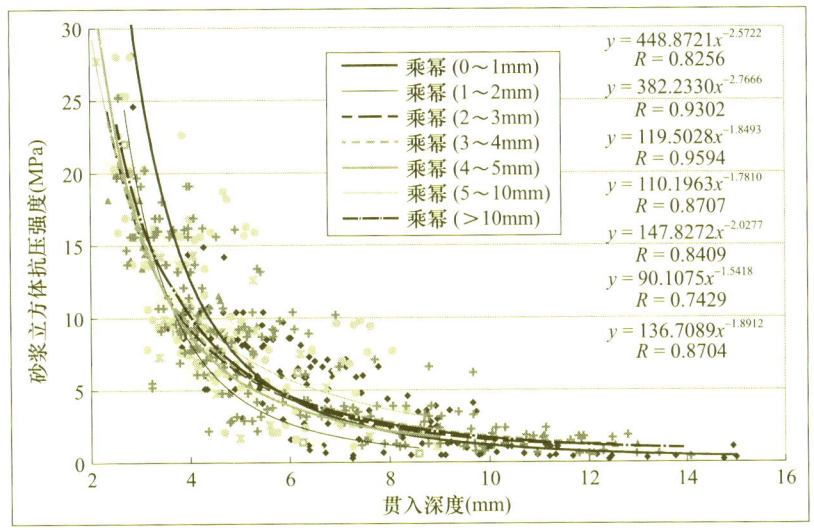

图 4-4　不同碳化深度贯入深度-抗压强度数据对比

4.3.3　龄期对贯入深度值影响

砂浆在适当的温、湿度条件下,其抗压强度和表面硬度随着龄期的增长而增大,将试验数据按龄期划分为 14d、28d、60d、90d、180d、365d 分别进行回归分析,不同龄期回归曲线对比见图 4-5。

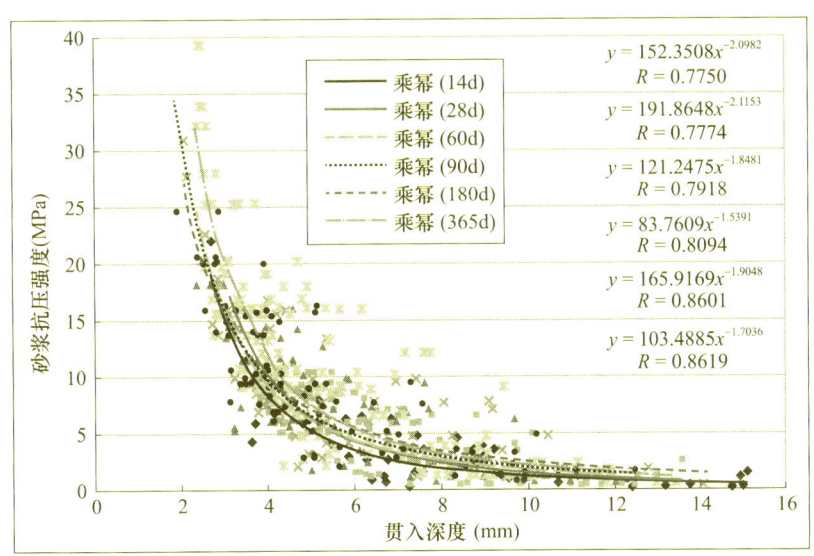

图 4-5　不同龄期贯入深度-抗压强度数据对比

由图 4-5 分析,龄期 14 天回归曲线砂浆抗压强度略偏低,龄期 28 天以后各龄期回归曲线无明显差异,各龄期贯入深度值—强度回归曲线很接近,可以认为龄期变化对贯入法测强影响不显著。

4.3.4 砌体灰缝砂浆表面状况对贯入深度值的影响

依据《砌体工程施工验收质量验收规范》(GB 50203)的规定,砖砌体的水平灰缝厚度和竖向灰缝宽度一般为10mm,但不应小于8mm,也不应大于12mm。贯入仪贯入端头宽度为6mm,水平灰缝厚度小于7mm时不应设测点,按照目前通常的施工砌筑方法,竖向灰缝砂浆饱满度不做要求,竖向灰缝砂浆往往不饱满,所以,竖向灰缝处也不应设测点。

砌体水平灰缝砂浆自然状态是不平整的,有外凸形,有内凹形,有倾斜形,但只有水平灰缝砂浆平整饱满时,贯入仪端头与砂浆表面才能平稳接触,贯入深度值才是稳定可靠的,否则将对贯入深度的测量带来误差,且主要是负偏差,因此,贯入测点应选择饱满的水平灰缝,必要时应进行打磨。对于砂浆表面的饰面层、粉刷层、勾缝砂浆、浮浆及表面损伤层等应清除干净;遭受高温、冻害、化学侵蚀、火灾等表面损伤的砂浆,可以将损伤层除去后再进行检测。

在砌体灰缝表面不平整时进行检测,将可能导致强度检测结果偏低。当砌体的灰缝经打磨仍难以达到平整时,可在测点处标记,贯入检测前用贯入深度测量表测读测点处的砂浆表面不平整度读数 d_i^0,然后再在测点处进行贯入检测,读取 d'_i,贯入深度计算公式:$d_i = d'_i - d_i^0$。

4.3.5 砌块材料对砂浆贯入法测强的影响

近年各种新型砌块材料大量使用,不同砌块材料吸水性不同、对灰缝砂浆约束作用不同,是否会影响贯入法测强还需对比分析。试验研究过程中,采用目前常用的烧结普通砖、烧结多孔砖、混凝土多孔砖、混凝土实心砖、蒸压粉煤灰砖为砌块材料砌筑砌体,对各种砌体砂浆强度检测数据进行分类回归,不同砌块砌体回归曲线对比见图4-6。

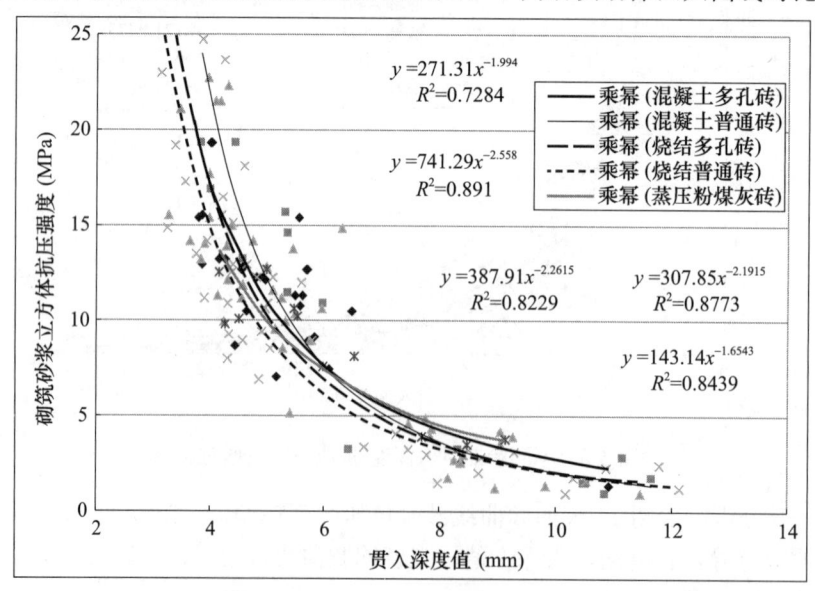

图4-6 不同砌块砌体贯入深度——砂浆立方体抗压强度数据对比

回归对比结果证明：五种不同砌块砌筑的砌体灰缝砂浆贯入深度——砂浆立方体抗压强度散点图无明显分区，回归曲线很接近，混凝土多孔砖和混凝土实心砖吸水性差，砌体实际强度偏低，贯入深度值略偏大，考虑砌筑砂浆本身离散性较大，此差异可不考虑。毛石砌块水平灰缝宽度不均，砂浆表面状况较差，不易打磨，所以回归曲线相关性较差，贯入法检测不适用。

4.4 贯入法检测砌筑砂浆强度技术要点

4.4.1 贯入法检测砌筑砂浆强度行业标准与山东省地方标准对比

目前全国通用的贯入法检测砌筑砂浆强度技术标准为《贯入法检测砌筑砂浆抗压强度技术规程》（JGJ/T 136—2017），一些有条件的省市考虑本地原材料、气候条件、施工技术等实际情况，建立本地区贯入法测强曲线，并编制出本地区地方标准。

山东省2022年发布《贯入法检测砌筑砂浆抗压强度技术规程》（DB37/T 2363—2022），此标准具有以下特点：

（1）砌体中砌筑砂浆的贯入值与砂浆试块的贯入值有差异，工程实践也证明此规程检测结果误差较大。研究人员在建立山东地区测强曲线时，以砌体中砌筑砂浆贯入深度值与同条件砂浆试块抗压强度值建立一一对应关系，结果更科学合理。

（2）按批抽样检测抽样方法依据现行国家标准《建筑结构检测技术标准》（GB/T 50344—2019）及《计数抽样检验程序——第1部分：按接收质量限（AQL）检索的逐批检验抽样计划》（GB/T 2828.1—2012）。

（3）异常数据判断和处理依据《数据的统计处理和解释——正态样本离群值的判断和处理》（GB/T 4883—2008）。

（4）砌筑砂浆强度推定考虑《砌体工程现场检测技术标准》（GB/T 50315）不同版本的要求不同，规定如下：2012年5月1日以前施工的工程，按照《砌体结构工程施工质量验收规范》（GB 50203—2002）验收，砌筑砂浆强度推定方法与2002年版标准一致；2012年5月1日以后施工的工程，按照《砌体结构工程施工质量验收规范》（GB 50203—2011）验收，砌筑砂浆强度推定方法与2011年版标准一致。

4.4.2 贯入法适用范围

行业标准《贯入法检测砌筑砂浆抗压强度技术规程》（JGJ/T 136—2017）规定：贯入法不适用于遭受高温、冻害、化学侵蚀、火灾等表面损伤的砂浆检测，以及冻结法施工的砂浆在强度回升阶段的检测。贯入法检测的砌筑砂浆应符合下列要求：

（1）自然养护；
（2）龄期为28d或28d以上；
（3）自然风干状态；
（4）强度为（0.4～16.0）MPa。

山东省地方标准《贯入法检测砌筑砂浆抗压强度技术规程》（DB37/T 2363—2022）对贯入法适用范围做如下规定：

1. 使用贯入法检测砌筑砂浆强度，适合下列条件的砌筑砂浆：
（1）符合普通砌筑砂浆用材料、拌和用水的质量标准，以中砂为细集料；
（2）采用普通施工工艺，包括预拌砂浆工艺；
（3）自然养护且砂浆表层为干燥状态；
（4）龄期不少于 14 d；
（5）抗压强度为（0.4～15.0）MPa。

2. 贯入法检测砌筑砂浆强度不适用于下列情况：
（1）测试部位表层与内部的质量有明显差异或内部存在缺陷；
（2）遭受化学腐蚀、火灾或冻伤；
（3）砌体的水平灰缝深度小于 20 mm 时。

3. 当砂浆有下列情况之一时，可按规定制定专用测强曲线或通过试验进行修正：
（1）粗砂或细砂配制；
（2）特种砌筑工艺制作；
（3）掺有微沫剂、引气剂；
（4）长期处于高温、潮湿环境或浸水状态。

4.4.3 检测准备

1. 检测前宜收集的资料详见本书第 2 章 2.2.1 节。
2. 检测方式选择

行业标准《贯入法检测砌筑砂浆抗压强度技术规程》（JGJ/T 136—2017）规定：应以面积不大于 25m² 的砌体构件或构筑物为一个构件。按批抽样检测时，应取龄期相近的同楼层、同来源、同种类、同品种、同强度等级砌筑砂浆且不大于 250m³ 砌体为一批，抽检数量不应少于砌体总构件数的 30%，且不应少于 6 个构件。基础砌体可按一个楼层计。

山东省地方标准《贯入法检测砌筑砂浆抗压强度技术规程》（DB37/T 2363—2022）规定，砌筑砂浆强度检测可采用下列两种方式进行：
（1）单个构件检测：适用于单独的砌体结构或构件的检测；当检测批样本容量少于 9 个时，按单个构件检测，单个构件检测结论不得扩大到未检测的构件或范围；
（2）按批抽样检测：适用于检测批砌体结构检测。

大型结构可按施工顺序、位置等划分为若干个检测区域，每个检测区域作为一个独立构件，根据检测区域数量及检测需要，选择检测方式。按批抽样检测时，应进行随机抽样，且抽测构件最小数量应符合本书第 2 章表 2-1 的规定。

4.4.4 测区布置

行业标准《贯入法检测砌筑砂浆抗压强度技术规程》（JGJ/T 136—2017）规定：
（1）被检测灰缝应饱满，其厚度不应小于 7mm，并应避开竖缝位置、门窗洞口、后砌洞口和预埋件的边缘；
（2）检测加气混凝土砌块砌体时，其灰缝厚度应大于测钉直径；
（3）多孔砖砌体和空斗墙砌体的水平灰缝深度不应小于 30mm；

（4）检测范围内的饰面层、粉刷层、勾缝砂浆、浮浆以及表面损伤层等，应清除干净；应使待测灰缝砂浆暴露并经打磨平整后再进行检测；

（5）每一构件应测试 16 点。测点应均匀分布在构件的水平灰缝上，相邻测点水平间距不宜小于 240mm，每条灰缝测点不宜多于 2 点。

山东省地方标准《贯入法检测砌筑砂浆抗压强度技术规程》（DB37/T 2363—2022）规定，测区布置应符合下列要求：

（1）单个构件检测时，测区数不应少于 3 个，对砂浆颜色不均匀、贯入深度值变化较大的构件，测区数量应适当增加；测区间距不应大于 2m，测区距离构件底部应不大于 0.5m；

（2）按批抽样检测时，应根据被测构件的面积及砌筑砂浆质量状况，每个独立构件应布置 1～3 个测区，检测批测区总数不应少于 15 个；

（3）测区应均匀分布在同一构件的不同水平面内，每个测区应不少于 8 条水平灰缝，面积不宜小于 $0.5m^2$；

（4）砌体表面粉刷层、勾缝砂浆、污物等应小心清除干净，且不应有残留的粉末和碎屑；

（5）测点处砂浆表面应轻轻打磨平整，并应除去浮灰；

（6）被检测灰缝应平整、饱满，其厚度不应小于 7mm，测点不应布置在竖缝上，并且距竖缝、预埋件的边缘不应小于 30mm，测点距门窗洞口、后砌洞口不应小于 100mm；

（7）每一测区应测试 16 个点，测点应均匀分布在砌体的水平灰缝上，相邻测点水平间距不宜小于 240 mm，同一测区每条灰缝测点不宜多于 2 个；

（8）测区宜标有清晰的编号，必要时可在记录纸上描述测区布置示意图和外观质量情况。

4.4.5 贯入检测

1. 贯入仪操作

贯入检测应按下列程序操作：

（1）每次贯入前，应清除测钉上附着的砂浆灰渣等杂物，测量测钉的长度，测钉长度满足要求时方可使用，不满足要求的测钉马上标志并废弃，选用满足要求的新测钉；

（2）将测钉插入贯入杆的测钉座中，测钉尖端向外，固定好测钉；

（3）用加力杠杆或旋紧螺母压缩弹簧，挂上挂钩（用旋紧螺母时，挂钩挂上后，应将螺母退至贯入杆最末端）；

（4）将贯入仪扁头对准灰缝中间，并垂直贴在被测砌体灰缝砂浆的表面，握住贯入仪把手，扳动扳机，将测钉贯入被测砂浆中；

（5）发现测点处的灰缝砂浆存在空洞或测点周围砂浆不完整时，该测点应作废，另选测点补测。

2. 贯入深度值测量

（1）开启贯入深度测量表，将其测量针置于钢制平整量块上，直至扁头端面和量块表面重合，清零，使贯入深度测量表读数为零；

(2) 将测钉从灰缝中拔出,小心清除测孔中的粉尘;

(3) 将贯入深度测量表扁头对准灰缝,同时测头插入测孔中,扁头紧贴灰缝砂浆,并保持测量表垂直于被测砌体灰缝砂浆的表面,读取贯入深度值 d_j;

(4) 当砌体灰缝无法打磨平整时,可在测点处标记,贯入检测前用贯入深度测量表;

(5) 测读测点处的砂浆表面不平整度读数 d_0,然后再进行贯入检测,测读贯入深度值 d',此时,测点贯入深度值 $d_j = d' - d_0$。

3. 贯入深度值计算

计算测区平均贯入深度值时,应从该测区的 16 个贯入深度值中剔除 3 个最大值和 3 个最小值,然后将余下的 10 个贯入深度值按下列公式计算:

$$d_{m,i} = \frac{\sum_{j=1}^{10} d_j}{10} \tag{4-1}$$

式中 $d_{m,i}$——第 i 测区贯入深度平均值,精确至 0.01 mm;

d_j——第 j 个测点的贯入深度值,精确至 0.01 mm。

4.5 贯入法检测砌筑砂浆强度测强曲线

1.《贯入法检测砌筑砂浆抗压强度技术规程》(JGJ/T 136—2017)标准给出统一测强曲线,分为水泥砂浆测强曲线和混合砂浆测强曲线,见表 4-1。

表 4-1 JGJ/T 136—2017 标准测强曲线及回归结果

砂浆品种	测强曲线	相关系数 r	平均相对误差 δ(%)	相对标准差 e_r(%)
预拌砂浆	$f_{2,j}^c = 311.3571 m_{dj}^{-2.3950}$	-0.97	21.1	26.8
现场拌制混合砌筑砂浆	$f_{2,j}^c = 150.7773 m_{dj}^{-2.1207}$	-0.97	18.2	24.4
现场拌制水泥砌筑砂浆	$f_{2,j}^c = 179.1004 m_{dj}^{-2.1314}$	-0.97	18.2	28.1

《贯入法检测砌筑砂浆抗压强度技术规程》(JGJ/T 136—2017)第 5.0.2 条规定:有专用测强曲线或地区曲线时,应按专用测强曲线、地区测强曲线、本规程测强曲线顺序使用。砂浆抗压强度换算值的计算应优先采用专用测强曲线。

《贯入法检测砌筑砂浆抗压强度技术规程》(JGJ/T 136—2017)第 5.0.3 条规定:当所检测砂浆与本规程建立测强曲线所用砂浆有较大差异时,在使用本规程测强曲线前,宜进行检测误差验证试验,试验方法可按本规程附录 E 的要求进行,试验数量和范围应按检测的对象确定,其检测误差应满足本规程第 E.0.10 条的规定,否则应按本规程附录 E 的要求建立专用测强曲线。

《贯入法检测砌筑砂浆抗压强度技术规程》(JGJ/T 136—2017)第 E.0.10 条规定:采用统一测强曲线,应首先进行检测误差验证试验,检测误差应满足下列要求:

(1) 平均相对误差不应大于 18%;

(2) 相对标准差不应大于 20%。

测强曲线制定方法详见本书第 2.3.6 节。

2. 山东省地方标准《贯入法检测砌筑砂浆抗压强度技术规程》(DB37/T 2363—2022) 测强曲线

(1) 按《建筑砂浆基本性能试验方法标准》(JGJ/T 70—2009) 要求制作试块（砂浆试模带底模）测强曲线。

施工时按照《建筑砂浆基本性能试验方法标准》(JGJ/T 70—2009) 标准制作试块时，第 i 测区砂浆强度换算值应根据该测区的平均贯入深度值按下列公式计算：

$$f_{cu,i} = 189.75 d_{m,i}^{(-2.0206)} \tag{4-2}$$

式中 $f_{cu,i}$——第 i 测区的砂浆强度换算值，精确到 0.01MPa。

(2) 按《建筑砂浆基本性能试验方法标准》(JGJ/T 70—2009) 实施前的标准要求制作试块（砂浆试模不带底模）测强曲线。

《建筑砂浆基本性能试验方法标准》(JGJ/T 70—2009) 实施前施工工程，制作试块时砂浆试模不带底模，第 i 测区砂浆强度换算值应根据该测区的平均贯入深度值按下列公式计算：

$$f_{cu,i} = 191.52 d_{m,i}^{(-1.9712)} \tag{4-3}$$

贯入法检测砌筑砂浆抗压强度推定值计算详见本书第 2 章 2.4 节。

第5章 砂浆片局压法检测砂浆强度技术

5.1 砂浆片局压法概述

"砂浆片局压法"也称为"择压法"。1996—1998年，江苏省建筑科学研究院负责完成了"砌体结构砌筑砂浆抗压强度直接检测鉴定技术的研究"科研课题，择压法检测砌筑砂浆抗压强度方法和技术是该课题的重要研究成果。在试验研究基础上，1999—2001年编制出了行业标准《择压法检测砌筑砂浆抗压强度技术规程》（JGJ/T 234—2011），此标准中解释"择压法"——"择"为选择，"压"为局部直接抗压，即选择局部直接抗压的方法。被检测的砂浆片是承受局部抗压荷载，为便于理解，《砌体工程现场检测技术标准》（GB/T 50315—2011）中将此方法称为"砂浆片局压法"，山东省地方标准《砂浆片局压法检测砌筑砂浆强度技术规程》（DB37/T 2369—2022）也将此方法称为"砂浆片局压法"。本书中统一称为"砂浆片局压法"。

砂浆片局压法检测时，先从砌体结构水平灰缝中取出砂浆片，加工成面积不小于30mm×30mm、厚度8～16mm的砂浆片试样，通过直径为10mm的圆平压头进行局部直接抗压试验，测得砂浆片局部抗压荷载值。由预先通过对比试验所建立的砂浆片试样局部抗压强度与同条件养护的砂浆试块立方体抗压强度的关系，推算砌体结构中砌筑砂浆抗压强度。

5.2 砂浆片局压法检测仪

5.2.1 技术要求

"砂浆片局压法检测仪"也称为"择压仪"，是江苏省建筑科学研究院为砂浆片局压法检测发明的专用检测仪器，包括反力架、测力系统、圆平压头、对中自调平系统、数显测读系统、加载手柄和积灰盒等部分，如图5-1所示。

砂浆片局压法检测仪应具有产品出厂合格证、计量校准合格才能使用。仪器的明显位置上标明名称、型号、制造厂商、生产编号及生产日期。

砂浆片局压法检测仪应满足下列技术要求：
(1) 整体结构应有足够强度和刚度；
(2) 局压仪用圆平压头的直径应为（10±0.05）mm，额定行程应不小于18mm；
(3) 局压仪应设有对中自调平系统；
(4) 局压仪的极限压力应不小于5000N；
(5) 数显测读系统示值的最小分度值应不大于1N，且数显测读系统应具有峰值保持功能，同时宜具有断电保持功能；

(6) 测力系统的力值相对误差应不大于±2%；

(7) 局压仪的使用环境温度宜为5~35℃，数显测读系统应放置在阴凉干燥处，严禁与水接触。

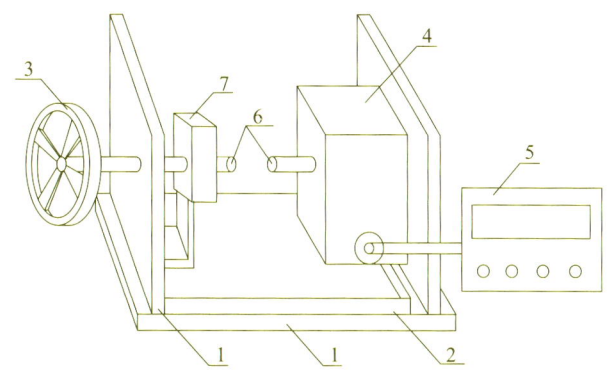

1—反力架；2—集灰盒；3—加载手柄；4—压力传感器；5—数显测读系统；
6—圆平压头；7—对中自调平系统。

图 5-1　局压仪示意图

5.2.2　校准

当具有下列情况之一时，局压仪应进行校准：

(1) 新仪器启用前；

(2) 达到校准有效期（建议有效期为1年）；

(3) 遭受严重撞击、跌落、振动等损伤；

(4) 数显测读系统维修后；

(5) 对检测结果有怀疑或争议时。

5.2.3　保养

局压仪应定期保养，并应符合下列规定：

(1) 使用过程中，宜避免灰尘沾污仪器，若沾污灰尘应予清除；

(2) 机械转动摩擦部位应保持润滑；

(3) 使用后应清理干净；

(4) 不用时应予遮盖防护，并应使圆平压头处于不受荷载状态。

5.3　影响砂浆片局压法检测砂浆强度的主要因素

砂浆片局压法检测砂浆强度是通过检测砂浆片的局部承压力来推算砂浆的抗压强度，此方法的依据是砂浆片局部承压力与砂浆的抗压强度之间存在密切相关关系。理论分析，砂浆抗压强度越高，砂浆片所能承受的局部压力也越大，两者之间有着必然的联系，大量试验也证明这个理论分析是正确的。但砌体工程中砌筑砂浆的原材料、龄期、养护条件等因素对砂浆片局部承压力与砂浆的抗压强度值都有着不同的影响，在确定砂浆片局部承压力与砂浆的抗压强度值之间的关系时，应分析砌块种类、砂浆品种、龄期等因素的影响。

山东省建筑科学研究院有限公司在"绿色建筑砌体结构现场检测技术"课题研究过程中，对某些较重要的影响因素，如砌块种类、砂浆品种、龄期等方面进行了深入细致的研究。

5.3.1 砌块种类的影响

"绿色建筑砌体结构现场检测技术"课题组重点研究了五类砌块材料，即烧结普通砖、烧结多孔砖、混凝土实心砖、混凝土多孔砖、蒸压粉煤灰砖。按《建筑砂浆基本性能试验方法》（JGJ/T 70—2009）要求制作边长70.7mm砂浆立方体抗压试块，将同试验条件的各类砌块材料试验数据进行分类回归，对比见图5-2。

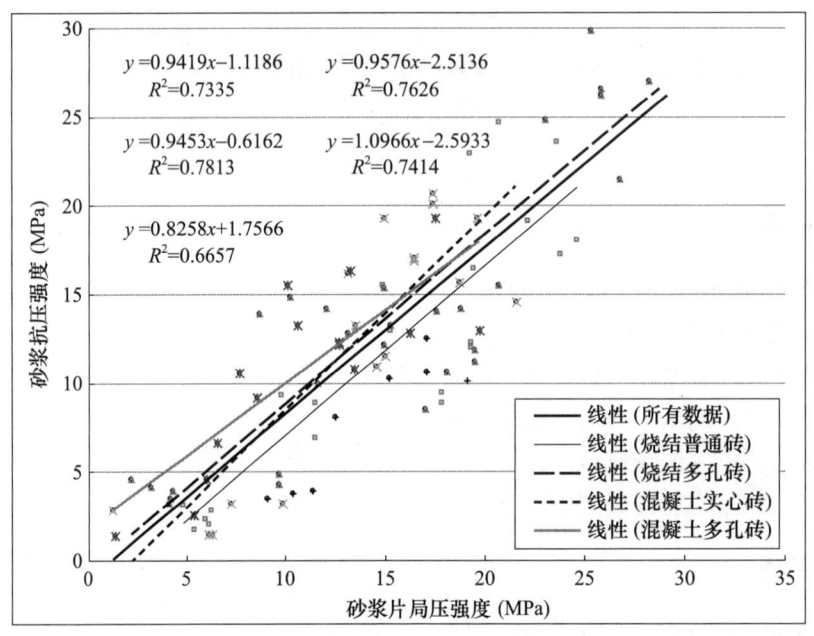

图5-2　不同砌块砂浆片局压强度—砂浆抗压强度回归曲线对比

由图5-2看出，烧结普通砖、烧结多孔砖、混凝土实心砖、混凝土多孔砖四种砌块砌体数据无明显分区，回归曲线也较接近。

为进一步分析蒸压粉煤灰砖砌体回归曲线，课题组按《建筑砂浆基本性能试验方法》（JGJ/T 70—90）要求制作砂浆立方体抗压试块，将同试验条件的五类砌块材料试验数据进行分类回归，对比见图5-3。

由图5-3看出，烧结普通砖、烧结多孔砖、混凝土实心砖、混凝土多孔砖、蒸压粉煤灰砖五种砌块砌体数据无明显分区，回归曲线也较接近。

总结图5-2、图5-3的结果，考虑砌筑砂浆本身离散性较大，可认为砌块种类变化对砂浆片局压强度—砂浆抗压强度回归曲线影响不显著，可采用同一回归曲线。

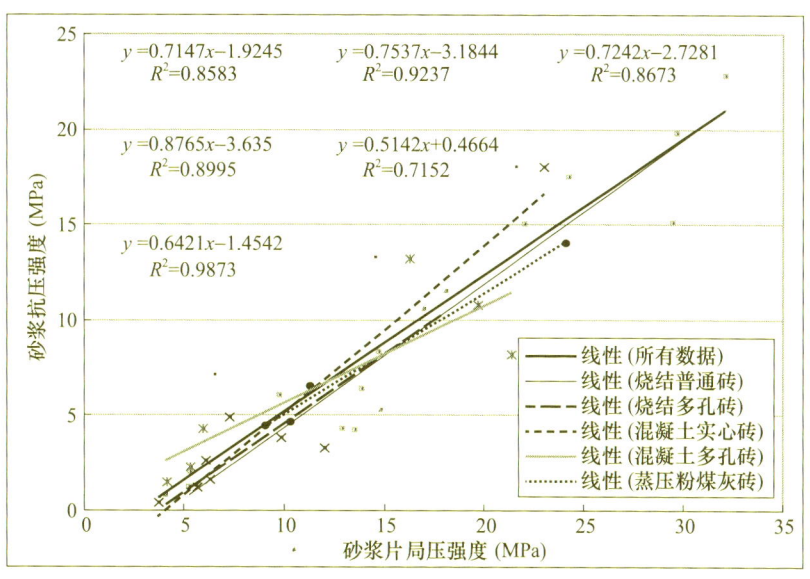

图 5-3 不同砌块砂浆片局压强度—砂浆抗压强度回归曲线对比

5.3.2 砂浆种类的影响

山东省砌体工程砌筑施工中常用三种砂浆，即水泥砂浆、混合砂浆、预拌砂浆。为分析不同砂浆对砂浆片局压法检测砌筑砂浆抗压强度的影响，试验人员把试验数据分类对比，散点图及回归曲线见图 5-4。

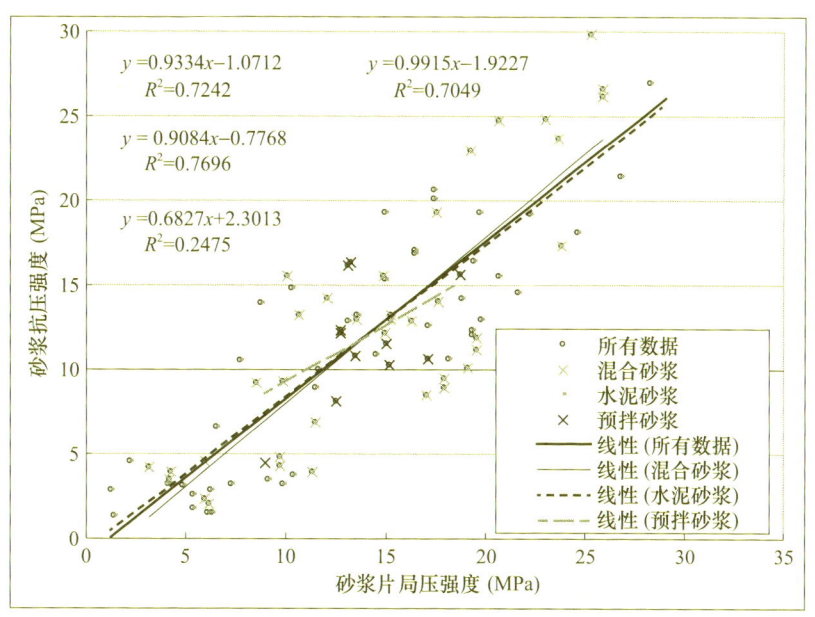

图 5-4 不同种类砂浆试验数据及回归曲线

由图 5-4 可以看出，水泥砂浆、混合砂浆、预拌砂浆数据无明显分区，回归曲线很接近，可以认为砂浆种类变化对砂浆片局压强度—砂浆抗压强度回归曲线影响不显著，不同种类砂浆可采用同一回归曲线。

5.3.3 龄期的影响

为分析龄期对砂浆片局压法检测砌筑砂浆抗压强度的影响，将同条件试验数据按龄期分类，得到28d、60d、90d、180d数据，各龄期数据散点图及回归曲线见图5-5。

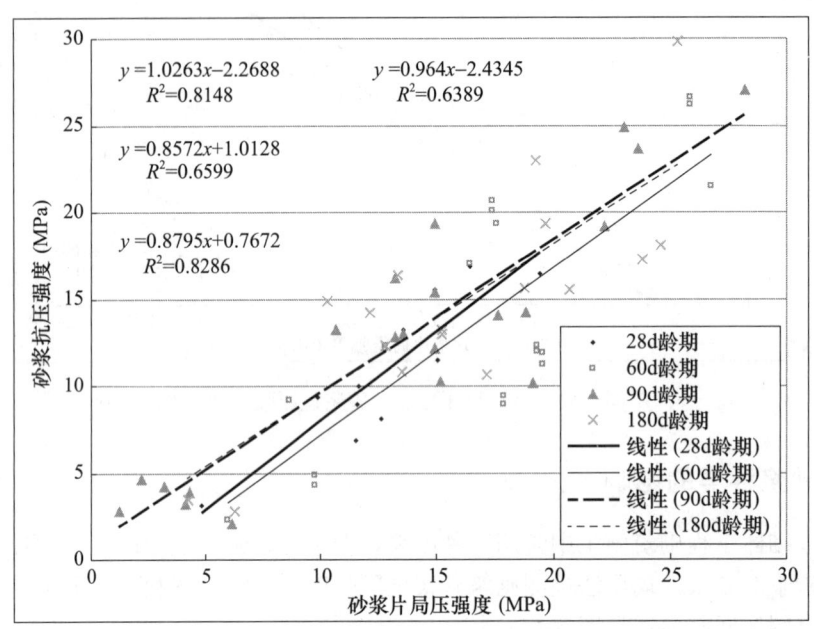

图5-5 不同龄期砂浆试验数据及回归曲线

由图5-5看出，各龄期数据无明显分区，回归曲线较接近，90d与180d回归曲线基本重合，说明龄期对砂浆片局压法检测影响不显著。

5.4 砂浆片局压法检测砂浆强度技术要点

5.4.1 砂浆片局压法适用范围

行业标准《择压法检测砌筑砂浆抗压强度技术规程》（JGJ/T 234—2011，以下简称"行标JGJ/T 234—2011"）2011年1月发布，此规程第1.0.2条规定：本规程适用于烧结普通砖、烧结多孔砖、烧结空心砖砌体结构中水泥砂浆、混合砂浆抗压强度的现场检测和推定。

山东省地方标准《砂浆片局压法检测砌筑砂浆抗压强度技术规程》（DB37/T 2369—2022，以下简称"地标DB37/T 2369—2022"）第7.1条规定此规程适用于下列条件砌筑砂浆强度检测：

a) 符合普通砌筑砂浆用材料、拌和用水的质量标准，以中砂为细集料；
b) 采用普通施工工艺，包括预拌砂浆工艺；
c) 自然养护且砂浆表层为干燥状态；

d) 龄期不少于14d；

e) 抗压强度为（1.0～20.0）MPa。

地标 DB37/T 2369—2022 第7.2条规定，当有下列情况之一时，不得按本规程换算测区砂浆强度值，但可制定专用测强曲线或通过试验进行修正：

a) 粗砂或细砂配制；

b) 特种施工工艺制作；

c) 掺微沫剂、引气剂；

d) 长期处于高温、潮湿或浸水环境。

专用测强曲线确定方法详见第2章2.3节。

5.4.2 检测准备

1. 检测前宜收集的资料详见本书第2章2.2.1节。

2. 检测方式选择

行标 JGJ/T 234—2011 对抽样方法做如下规定：

（1）当检测对象为整栋建筑物或建筑物的一部分时，可将其划分为一个或若干个独立的检测单元。对连续墙体划分检测单元时，每片墙的高度不宜大于3.5m，水平长度不宜大于6.0m。

（2）当一个检测单元内的墙体多于6片时，随机抽样的墙片数量不应少于6片；当一个检测单元内的墙体不多于6片时，每片墙均应检测。每片墙内至少应布置一个测区，当每片墙布置2个或2个以上测区时，宜沿墙高均匀分布。当检测单元仅为单片墙时，测区不应少于2个。

地标 DB37/T 2369—2022 规定，砌筑砂浆强度检测可采用下列两种方式进行：

（1）单个构件检测：适用于单独的砌体结构或构件的检测；当检测批样本容量少于9个时，按单个构件检测，单个构件检测结论不得扩大到未检测的构件或范围；

（2）按批抽样检测：适用于检测批砌体结构检测。

大型结构可按施工顺序、位置等划分为若干个检测区域，每个检测区域作为一个独立构件，根据检测区域数量及检测需要，选择检测方式。按批抽样检测时，应进行随机抽样，且抽测构件最小数量应符合本书表2-1的规定。

5.4.3 测区布置

行标 JGJ/T 234—2011 规定测区布置应符合下列规定：

（1）每个测区的面积宜为0.5m×0.5m。

（2）应随机在第i个测区的水平灰缝内取出6个面积不小于30mm×30mm、厚度为8～16mm的砂浆片试样，其中1个应为备份试样，其余5个应为试验试样。试样的两面应相对平行。取得的试样应使用同一容器收置并编号。

（3）砂浆试样应在深入墙体表面20mm以内抽取，不应在独立砖柱或长度小于1m的墙体上抽取，也不应在承重梁正下方的墙体上抽取。

地标 DB37/T 2369—2022 第6.1.4条规定，测区布置和取样应符合下列要求：

（1）单个构件检测时，测区数不应少于3个；对尺寸较小的构件，测区数量可适当减少；

(2) 按批抽样检测时，应根据被测构件的面积及砌筑砂浆质量状况，每个独立构件应布置 1～3 个测区，检测批测区总数不得少于 10 个；

(3) 测区间距不应大于 2m，测区距离构件底部不应大于 0.5m；

(4) 当一片墙体布置 2 个或 2 个以上的测区时，宜沿墙高均匀分布，每个测区的面积不宜小于 $0.5m^2$；

(5) 薄弱部位应布置测区，测区应标有清晰的编号，必要时应在记录纸上绘制测区布置示意图和描述外观质量情况；

(6) 取样部位尽量避开独立砖柱、长度小于 1m 的墙体，必要时应对取样砌体采取保护措施，取样部位砌筑砂浆应饱满，应在水平灰缝中取样，并应避开竖缝位置、门窗洞口、后砌洞口和预埋件的边缘；

(7) 随机在测区的单块砖大面上取下原状砌筑砂浆片，砂浆片厚度应为 8～16mm，直径 30～40mm，砂浆片两平面应相对平行，每一测区取样不少于 6 片，同一条灰缝取样不宜多于 2 个；

(8) 砂浆片应编号后放入密封袋内，不得挤压碰撞。

5.4.4 砂浆片外观尺寸要求

用于局压试验的砂浆片应符合下列要求：
(1) 制作的砂浆片最小中心线长度不应小于 30mm；
(2) 砂浆片受压面应平整、无缺陷，对于不平整的受压面，可用砂纸打磨；
(3) 砂浆片受压面的砂粒、砖屑、浮尘等应予清除；
(4) 砂浆片应在自然干燥的状态下进行检测，当砂浆试样潮湿时，应自然晾干。

5.4.5 操作步骤

在局压作用面内选择 3 个部位测量厚度，取其平均值作为砂浆片厚度，精确至 0.1mm。

在局压仪的两个圆平压头表面，宜各贴一片厚度小于 1mm、面积略大于圆平压头的薄橡胶垫。启动局压仪，测读系统应设置为峰值保持状态。

砂浆片应垂直对中放置在局压仪的两个压头之间，压头作用面边缘至砂浆片边缘的最小距离不宜小于 10mm。

对砂浆片进行加荷试验时，加荷速率宜控制在（10～20）N/s，直至砂浆片破坏，记录局压荷载值，精确至 1N。

5.4.6 局压强度计算

砂浆片的局压强度应按下列公式计算：

$$f_{i,j} = \xi_{i,j} \frac{N_{i,j}}{A} \tag{5-1}$$

式中 $f_{i,j}$——第 i 测区第 j 个砂浆片的局压强度，精确至 0.01MPa；

$N_{i,j}$——第 i 测区第 j 个砂浆片的局压荷载值，精确至 1N；

A——砂浆片受压面积,取 78.54 mm²;

$\xi_{i,j}$——第 i 测区第 j 个砂浆片厚度换算系数,按表 5-1 取值。

表 5-1 砂浆片厚度换算系数

砂浆片厚度(mm)	8.0	9.0	10.0	11.0	12.0	13.0	14.0	15.0	16.0
厚度换算系数 $\xi_{i,j}$	1.25	1.11	1.00	0.91	0.83	0.77	0.71	0.67	0.62

注:表中未列出的值,可用直线内插法求得。

第 i 测区局压强度平均值 $f_{i,m}$ 按下列公式计算:

$$f_{i,m} = \frac{1}{k}\sum_{j=1}^{k} f_{i,j} \tag{5-2}$$

式中 $f_{i,m}$——第 i 测区局压强度平均值 $f_{i,m}$,精确至 0.01 MPa;

k——第 i 测区的有效局压强度值数量。

5.4.7 砂浆片局压法测强曲线

行标 JGJ/T 234—2011 第 5.1.3 条规定,每个测区的砂浆抗压强度换算值应通过测强曲线换算取得,并应优先采用专用测强曲线;当无专用测强曲线时,可采用地区测强曲线;当无地区测强曲线或专用测强曲线时,可按下列公式计算:

(1)水泥砂浆,可按下列公式计算:

$$f_{2,i,cu} = 0.635 f_{2,i}^{1.112} \tag{5-3}$$

(2)混合砂浆,可按下列公式计算:

$$f_{2,i,cu} = 0.511 f_{2,i}^{1.267} \tag{5-4}$$

式中 $f_{2,i}$——第 i 测区砂浆试件择压强度平均值(MPa),精确至 0.1MPa;

$f_{2,i,cu}$——第 i 测区砂浆抗压强度换算值(MPa),精确至 0.1MPa。

行标 JGJ/T 234—2011 第 5.1.4 条建议:有条件的单位或地区,可制定专用测强曲线或地区测强曲线。专用测强曲线或地区测强曲线的制定应符合下列规定。

(1)对于地区测强曲线,平均相对误差 $\delta = \pm\frac{1}{n}\sum_{i=1}^{n}\left|\frac{\hat{y}_i}{y_i}-1\right|\times 100\% \leqslant 15.0\%$,相

对标准差 $e_r = \sqrt{\frac{1}{n-1}\sum_{i=1}^{n}\left(\frac{\hat{y}_i}{y_i}-1\right)^2}\times 100 \leqslant 20.0\%$;

(2)对于专用测强曲线,平均相对误差 $\delta = \pm\frac{1}{n}\sum_{i=1}^{n}\left|\frac{\hat{y}_i}{y_i}-1\right|\times 100\% \leqslant 13.0\%$,相

对标准差 $e_r = \sqrt{\frac{1}{n-1}\sum_{i=1}^{n}\left(\frac{\hat{y}_i}{y_i}-1\right)^2}\times 100 \leqslant 18.0\%$。

建立地区或专用测强曲线可以提高检测精度。地区或专用测强曲线须经地方建设行政主管部门审查批准后,方能实施。

行业标准关于测强曲线的规定,是各地区或单位建立地区或专用测强曲线的依据,也是编制地方标准的基础。

山东省地方标准《砂浆片局压法检测砌筑砂浆抗压强度技术规程》(DB37/T 2369—2022)测强曲线如下:

(1) 按《建筑砂浆基本性能试验方法》(JGJ 70—90) 规定，采用同类型砌块为底模制作砂浆立方体抗压强度试块，确定山东地区砂浆片局压法测强曲线为

$$f_{cu,i}=0.533f_{i,m}^{1.121} \tag{5-5}$$

式中 $f_{cu,i}$——第 i 测区的砂浆强度换算值，精确到 0.1MPa。

(2) 按《建筑砂浆基本性能试验方法标准》(JGJ/T 70—2009) 规定，采用钢底模或塑料底模制作砂浆立方体抗压强度试块，确定山东地区砂浆片局压法测强曲线为

$$f_{cu,i}=0.364f_{i,m}^{1.232} \tag{5-6}$$

砂浆片局压法检测砂浆抗压强度推定值计算详见本书第 2 章 2.4 节。

第6章 钻芯法检测砌体抗剪强度及砌筑砂浆抗压强度技术

6.1 概述

《砌体工程现场检测技术标准》(GB/T 50315—2011)中给出原位单剪法、单砖双剪法检测砌体抗剪强度,原位单剪法测点宜选在窗下墙体部位且要求承受反作用墙体有足够长度,此处在窗安装时常做一些处理,有时无代表性;单砖双剪法剔缝操作较多,易挠动被测处砖及砂浆,当砂浆强度低于5MPa时误差较大。

汶川大地震后,人们对结构的抗震性能更加重视,震害分析显示:砖混结构的墙体多表现为剪切型破坏、弯剪倾覆破坏和弯曲型破坏,在对抗地震作用时,砌体沿通缝截面抗剪强度发挥较大作用,因而,砌体的抗剪强度直接关系到砌体结构抗震性能。

钻芯法检测砌体抗剪强度直接从砌体中钻取芯样,对砌体芯样进行加工处理后,按照《砌体基本力学性能试验方法标准》(GB/T 50129—2011)的方法进行芯样沿通缝截面抗剪强度试验,根据砌体芯样抗剪强度,推定出标准砌体抗剪强度;钻芯法检测砌体抗剪强度关键技术包括钻取芯样位置、确定芯样尺寸、芯样处理方法、芯样沿通缝截面抗剪强度试验、数据处理。此方法具有以下优点:

(1)钻芯抗剪强度试验方法与《砌体基本力学性能试验方法标准》(GB/T 50129—2011)沿通缝截面抗剪强度试验方法一致,检测结果直接体现砌体沿通缝截面抗剪强度值,准确可靠反映砌体抗剪性能,同时,推算出砌筑砂浆抗压强度。

(2)无需对砌块、砂浆的强度进行检测后再查表推算,直接得到砌体沿通缝截面抗剪强度和砌筑砂浆抗压强度。

(3)对设计标准中未给出设计参数的新型墙体材料,钻芯抗剪强度试验可得到砌体沿通缝截面抗剪强度和砌筑砂浆抗压强度,为设计计算或鉴定加固提供设计参数。

(4)旧房屋加固、改造,缺少原材料信息时,钻芯抗剪强度试验可直接测得砌体沿通缝截面抗剪强度、砌筑砂浆抗压强度。

(5)试验简单,方法科学,不需专用试验设备,试验结果准确可靠。

(6)对结构损伤小,损伤处易修补。

为创建节约型社会,促进墙体材料革新,县城以上城市规划区已全面禁用实心黏土砖,新型墙材生产和应用更加普遍,对检测技术提出更高要求,钻芯法检测砌体抗剪强度及砌筑砂浆抗压强度技术可为新型墙体材料设计与验算提供准确强度参数,保证新型墙体材料砌体结构既节能环保又有良好的结构抗震性能,为建设工程质量检测评定及工程质量事故分析处理提供科学依据,具有良好的社会经济综合效益。

6.2 钻芯法检测砌体抗剪强度及砌筑砂浆抗压强度试验研究

6.2.1 钻芯法检测砌体抗剪强度及砌筑砂浆强度试验方法介绍

钻芯法检测砌体抗剪强度及砌筑砂浆抗压强度技术（以下简称"砌体钻芯法"）从砌体中钻取芯样，通过检测砌体芯样的抗剪强度，推算出标准砌体抗剪强度及砌筑砂浆抗压强度，钻芯法检测砌体抗剪强度试验关键技术包括钻取芯样、芯样处理、测量芯样尺寸、芯样沿通缝截面抗剪强度试验、数据处理。

（1）钻取芯样位置：垂直于墙体水平方向钻取砌体芯样，在墙体上取芯的位置见图 6-1、图 6-2，钻取的芯样包括三层砖和两条灰缝。

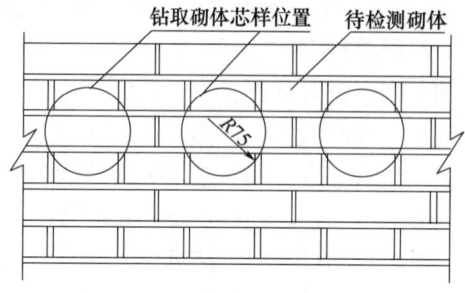 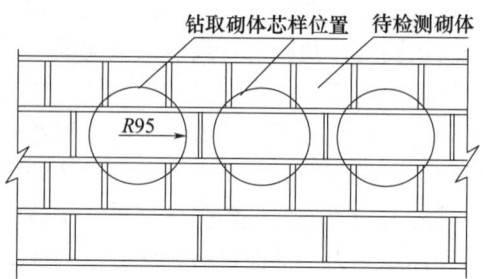

图 6-1　普通砖砌体钻芯位置　　　　图 6-2　多孔砖砌体钻芯位置

（2）芯样尺寸：目前砌体结构常用砌块材料为普通砖和多孔砖，普通砖尺寸为 53mm×113mm×240mm，多孔砖尺寸为 90mm×113mm×240mm，砖尺寸不同钻取砌体芯样尺寸也不同，普通砖砌体芯样直径 150mm，多孔砖砌体芯样直径 190mm，钻芯位置示意图见图 6-1、图 6-2。

（3）芯样处理：多孔砖砌体芯样中部较厚，两侧只有半个砖的厚度，并且带孔，在进行抗剪试验时，两侧砖抗压强度可能小于沿通缝截面的抗剪强度，所以，需要用快硬浆料将两侧的孔洞填补密实，同时将砌体芯样端部承压面、加荷面抹平整并垂直于受剪面灰缝。

（4）砌体芯样抗剪试验：将砖砌体抗剪试件立放在试验机下压板上，在承压面、加荷面处垫钢板，匀速连续加荷至试件灰缝受剪破坏，记录破坏荷载值和试件破坏特征。

（5）测量受剪面尺寸，必要时测量受剪破坏面的砂浆饱满度。

（6）计算砌体芯样试件沿通缝截面的抗剪强度，根据砌体芯样抗剪强度推定出标准砌体抗剪强度及砌筑砂浆抗压强度。

6.2.2 钻芯法检测砌体抗剪强度及砌筑砂浆强度影响因素分析

钻芯法检测砌体抗剪强度技术关键是由砌体芯样抗剪强度推算出标准砌体抗剪强度及砌筑砂浆抗压强度，而目前还没有理论上的公式，试验数据分析证明砌体芯样抗剪强度与标准砌体抗剪强度及砌筑砂浆强度均密切相关，通过大量试验数据回归分析，能够建立经验公式，由砌体芯样抗剪强度换算出标准砌体抗剪强度和砌筑砂浆强度。

砌体钻芯法受砌块种类、砌筑面形态、砌筑砂浆与砌块黏结性、砌筑砂浆强度等因素影响较大。砌体钻芯法推广应用于工程检测，首先应分析各种因素对检测结果的影响，确定不同砌体钻芯法检测砌体抗剪强度和砌筑砂浆抗压强度测强曲线。

理论分析影响砌体钻芯法的主要因素有砌块种类、砌块表面状态、砌筑砂浆种类、砌筑砂浆的和易性、砌筑砂浆强度等。

为分析各种因素对砌体钻芯法的影响，试验研究过程中考虑了砌块材料的多样性和砌筑砂浆的不同，先后在济南、德州砌筑84道3000mm×1000mm砌体，砌筑每面墙体的同时砌筑240mm×370mm×720mm抗压试件和240mm×370mm×180mm抗剪试件，成型70.7mm×70.7mm×70.7mm砂浆试块。在规定龄期，同时进行砌体钻芯抗剪强度检测、标准砌体抗压、抗剪试验及砌筑砂浆立方体抗压试验。取得了烧结煤矸石砖、页岩砖、黄河淤泥砖、烧结多孔砖、蒸压粉煤灰砖、混凝土实心砖、混凝土多孔砖等多种砌体的钻芯抗剪强度、标准砌体抗压强度、标准砌体抗剪强度、砂筑砂浆强度等数据，每组数据砌体芯样抗剪强度与标准砌体抗剪强度建立一一对应关系（简称：$\tau_v \rightarrow f_v$ 关系），砌体芯样抗剪强度与砌筑砂浆立方体抗压强度建立一一对应关系（简称：$\tau_v \rightarrow f_{cu}$ 关系），通过数据散点图和数据发展趋势线，分析这两种关系影响因素及稳定性。

（1）砌筑砂浆种类影响。

目前施工中常用砌筑砂浆分为水泥砂浆、混合砂浆、预拌砂浆，预拌砂浆是指由专业化工厂家生产的，用于建设工程中的各种砂浆拌合物，是我国近年发展起来的一种新型建筑材料。试验数据按砌筑砂浆种类分类对比，不同种类砂浆 $\tau_v \rightarrow f_v$ 关系、$\tau_v \rightarrow f_{cu}$ 关系对比见图6-3、图6-4。

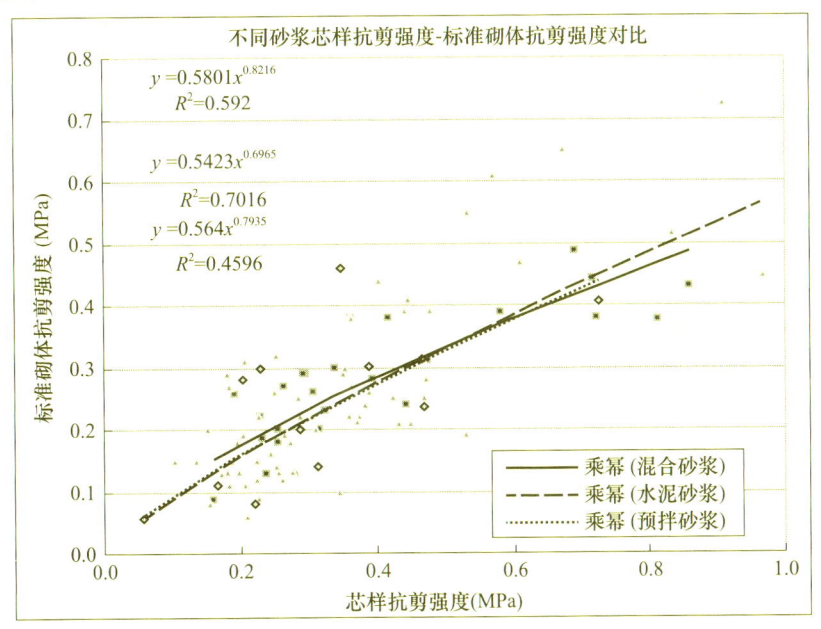

图6-3　不同种类砂浆砌体芯样抗剪强度—标准砌体抗剪强度（$\tau_v \rightarrow f_v$）关系对比

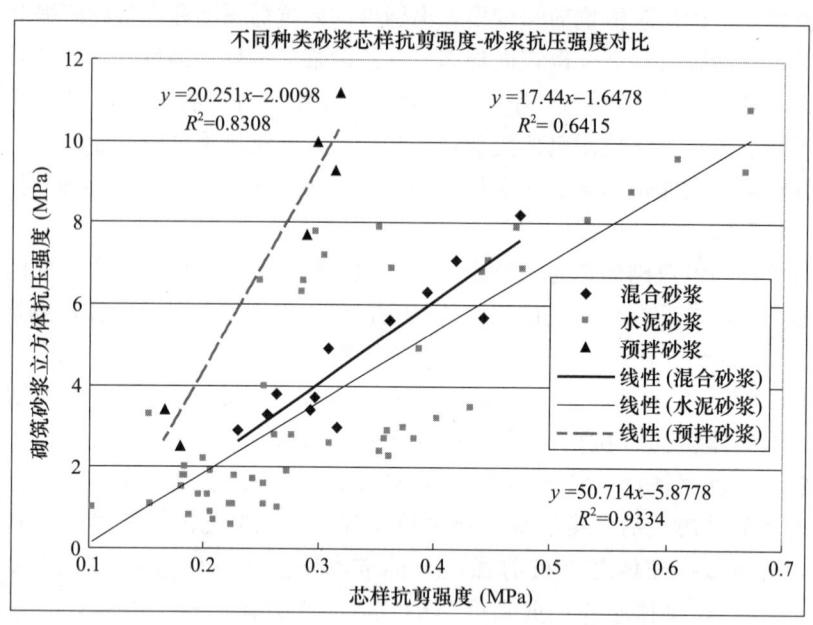

图 6-4　不同种类砂浆砌体芯样抗剪强度—标准砌体抗剪强度（$\tau_v \to f_{cu}$）关系对比

由图 6-3 中看出，不同种类砂浆散点图无明显分区，回归曲线接近，砌筑砂浆种类对砌体抗剪强度影响可不考虑。

由图 6-4 中看出，混合砂浆砌体和水泥砂浆砌体数据散点图无明显分区，回归曲线接近，砌筑砂浆种类对 $\tau_v \to f_{cu}$ 关系影响可不考虑，但预拌砂浆砌体数据与其他两种砂浆分区明显，且预拌砂浆砌体芯样抗剪强度明显低于其他两种砂浆砌体，考虑本次试验预拌砂浆砌体数据较少，预拌砂浆砌体 $\tau_v \to f_v^0$ 关系、$\tau_v \to f_{cu}$ 关系还需进一步研究。

（2）砌块种类影响。

近几年新型墙材发展很快，各种绿色墙材如雨后春笋般出现，研究人员对全省绿色墙材进行调研，选择在工程结构中应用较广、技术成熟的砌块材料进行试验研究，承重砌块材料主要包括：混凝土实心砖、混凝土多孔砖、烧结煤矸石多孔砖、烧结黄河淤泥多孔砖、烧结页岩多孔砖、烧结煤矸石砖、烧结黄河淤泥砖、烧结页岩砖、蒸压粉煤灰砖。

数据对比发现：烧结煤矸石多孔砖、烧结黄河淤泥多孔砖、烧结页岩多孔砖试验数据接近，可以归类为烧结多孔砖。同时，烧结煤矸石砖、烧结黄河淤泥砖、烧结页岩砖等试验数据一致性较好，可以归类为烧结普通砖。

将常用砌块材料分类为烧结普通砖、烧结多孔砖、混凝土实心砖、混凝土多孔砖、蒸压粉煤灰砖，不同砌块材料 $\tau_v \to f_v^0$ 关系、$\tau_v \to f_{cu}$ 关系对比见图 6-5、图 6-6。

由图 6-5、图 6-6 可以看出，不同砌块材料 $\tau_v \to f_v^0$ 关系、$\tau_v \to f_{cu}$ 关系差异较明显，而同类砌块材料 $\tau_v \to f_v^0$ 关系、$\tau_v \to f_{cu}$ 关系趋势线相关性较好，不同砌块材料分类分别建立测强曲线能提高检测精度。

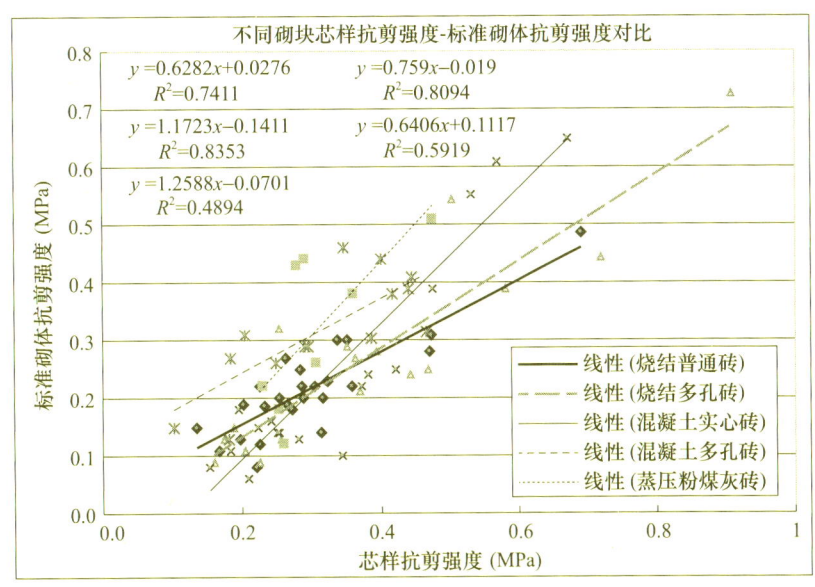

图 6-5 不同砌块砌体 $\tau_v \rightarrow f_v$ 关系对比

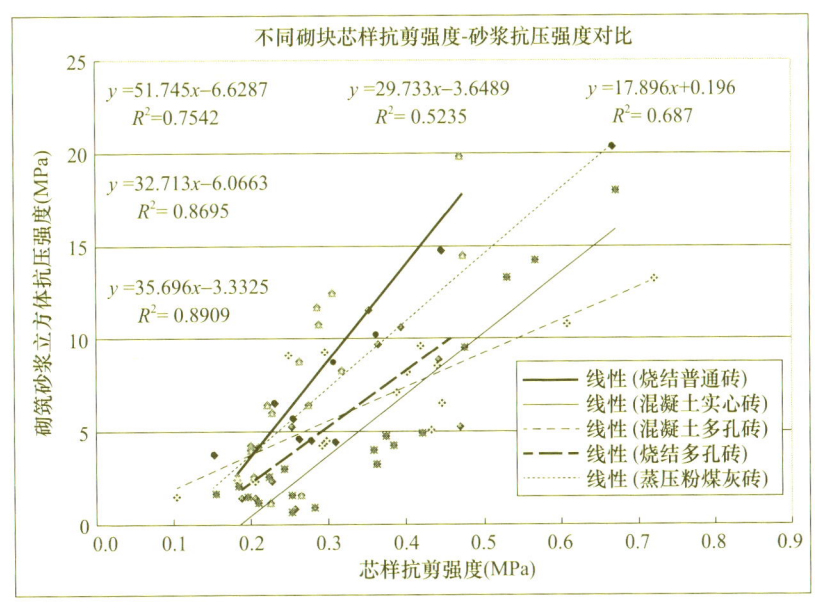

图 6-6 不同砌块砌体 $\tau_v \rightarrow f_{cu}$ 关系对比

(3) 砌体厚度影响。

钻芯法检测砌体抗剪强度为得到完整的芯样，要求将砌体钻透，即从砌体的一面钻到另一面，取出一个两端面完好的圆柱体芯样，砌体的厚度就是圆柱体芯样的高度，不同厚度的砌体芯样高度不同。常用承重砌体厚度为 240mm、370mm，理论分析，圆柱体芯样高度增加，芯样中两条受剪灰缝的垂直度偏差，对芯样抗剪强度影响增大，考虑高径比增加对芯样受力的不利影响，同等条件下，砌体越厚芯样抗剪强度越低。

选择砌体厚度为 240mm、370mm 进行对比试验，试验数据对比见图 6-7，由图 6-7

可以看出240mm厚的砌体与370mm厚的砌体试验数据差异较大，所以砌体厚度对钻芯法检测砌体抗剪强度的影响不可忽视。应该对不同厚度的砌体分别建立测强曲线。

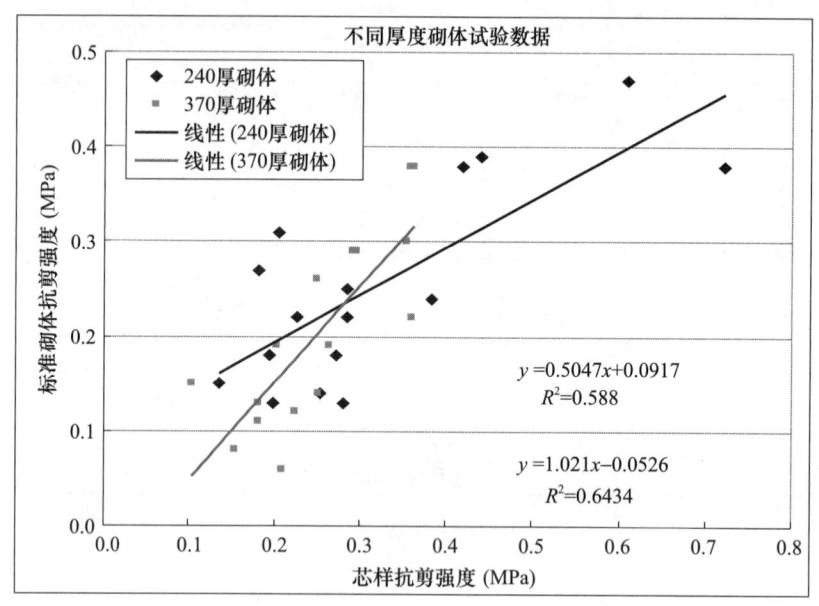

图6-7　不同厚度砌体 $\tau_v \rightarrow f_v$ 关系对比

(4) 多孔砖砌体的不同破坏形态。

《承重混凝土多孔砖》(GB 25779—2010)第6.3.4条规定："混凝土多孔砖的铺浆面宜为盲孔或半盲孔。"多孔砖中孔结构不同，砂浆在孔中的填充状态就不同，砌体抗剪强度试验结果也不同。烧结多孔砖中孔上、下贯通，砂浆在多孔砖的两面都有嵌入，抗剪试验时嵌入孔中的砂浆起到销键的作用。混凝土多孔砖的铺浆面为盲孔或半盲孔时，砂浆在铺浆面的嵌入有限，抗剪试验时出现两种情况，当破坏面在铺浆面先发生时，砌体抗剪强度较低，当破坏面在坐浆面先发生时，砌体抗剪强度明显提高，坐浆面破坏砌体抗剪强度为铺浆面破坏砌体抗剪强度的1.5~2.1倍。

山东省建筑科学研究院有限公司考虑了砌块材料的多样性，总结烧结煤矸石砖、页岩砖、黄河淤泥砖、烧结多孔砖、蒸压粉煤灰砖、混凝土实心砖、混凝土多孔砖等多种砌体的钻芯抗剪强度、标准砌体抗压强度、标准砌体抗剪强度、砌筑砂浆抗压强度数据，回归分析，得出如下结论：

(1) 砌体抗剪强度与砌块抗压强度及砌体抗压强度无明显相关性，与砌筑砂浆立方体抗压强度明显相关，与标准砌体抗剪强度密切相关，可以通过检测砌体芯样抗剪强度推定出标准砌体抗剪强度。

(2) 砌体芯样抗剪强度与标准砌体抗剪强度受砌块材料种类、表面状况影响，同类型砖表面越光滑平整砌体抗剪强度越低，多孔砖在孔洞处如形成销键将大大提高砌体的抗剪强度，当多孔砖为盲孔或半盲孔时不能在孔洞处形成销键，砌体抗剪强度提高有限。

(3) 回归分析确定各类砌体芯样抗剪强度与标准砌体抗剪强度换算公式、各类砌体芯样抗剪强度与砌筑砂浆立方体抗压强度换算公式，经对比合并分为五类砌体，分别为普通烧结砖砌体、烧结多孔砖砌体、混凝土实心砖砌体、混凝土多孔砖砌体、蒸压粉煤灰砖砌体。

(4) 考虑新型墙材多种多样，同时各地材料性能也有差异，建议各地采用钻芯法进行砌体结构检测时，应对本地材料进行分类，建立地区测强曲线。

6.3 钻芯法检测砌体抗剪强度及砌筑砂浆抗压强度技术要点

6.3.1 仪器设备

1. 钻芯机基本要求

(1) 钻芯机应具有足够的刚度、操作灵活、固定和移动方便，并应有水冷却系统。

(2) 钻取芯样时宜采用金刚石或人造金刚石薄壁钻头。钻头胎体不得有肉眼可见的裂缝、缺边、少角、倾斜及喇叭口变形。钻头胎体对钢体的同心度偏差不得大于 0.3mm，钻头的径向跳动不大于 1.5mm。

(3) 钻芯机功率、转速应足够大，保证芯样在 10min 内顺利取出。为防止卡钻或芯样折断事故发生，钻机应固定牢靠。

2. 砌体芯样抗剪试验设备技术要求

砌体芯样抗剪试验设备应由加荷装置、测力系统、反力支撑装置组成，亦可采用试验机，测力系统应检定或校准合格再使用。测力系统技术性能应满足下列要求：

(1) 试件破坏荷载应大于测力系统全量程的 20% 且小于测力系统全量程的 80%；

(2) 示值相对误差不大于 ±1%；

(3) 工作行程不应小于 10mm；

(4) 测力系统示值的最小分度值不应大于 0.1kN，并应具有峰值记录功能。

3. 测力系统校准

当出现下列情况之一时，测力系统应进行校准：

(1) 新仪器使用前；

(2) 达到校准有效期限（有效期限为一年）；

(3) 测力系统出现示值不稳等异常时；

(4) 仪器经大修后；

(5) 遭受严重撞击或其他损害。

6.3.2 检测准备和检测方式选择

检测前应收集与被检测工程有关的设计、施工资料，详见本书第 2 章 2.2.1 节。

检测方式可采用单个构件检测或按批抽样检测，详见本书第 2 章 2.2.2 节。

6.3.3 测点布置

测点布置应符合下列要求：

(1) 单个构件检测，测点数不应少于 3 个；对尺寸较小的构件，测点数量可适当减少；

(2) 按批抽样检测，根据被测墙体的面积及砌筑砂浆质量状况，每个独立构件宜布置1~2个测点，测点总数不得少于15个；

(3) 测点应均匀分布，墙体同一水平面内测点不宜多于2个；

(4) 薄弱部位应布置测点，并应避开预埋件、拉结筋等；

(5) 砌体表面粉刷层、污物等应清除干净；

(6) 测点应离开门窗洞口、后砌洞口不小于200mm。

6.3.4 芯样钻取

钻芯机应牢固固定在墙体上，多孔砖砌体可先采用结构胶等将膨胀螺栓固定，再通过膨胀螺栓将钻芯机固定在墙体上。

钻芯机垂直墙面钻取砌体芯样，在墙体上钻取芯样的位置见图6-1、图6-2。钻取的芯样应包括三层砖和两条灰缝。承重砌体常用砌块材料为普通砖和多孔砖，普通砖尺寸为53mm×115mm×240mm，钻取芯样直径150mm，见图6-1；多孔砖尺寸为90mm×115mm×240mm，钻取芯样直径190mm，见图6-2。

6.3.5 芯样处理

(1) 将砌体芯样端部承压面用快硬浆料修补平整并垂直于受剪面灰缝。

(2) 多孔砖砌体芯样中部较厚，两侧只有半个砖的厚度，并且带孔，在进行抗剪试验时，两侧砖抗压强度可能小于沿通缝截面的抗剪强度，所以，需要用快硬浆料将两侧的孔洞填补密实，同时，应采取措施不得使快硬浆料进入受剪面。

6.3.6 抗剪强度试验

砌体芯样抗剪试验应按下列步骤和要求进行：

(1) 对芯样端部承压面进行找平处理，使承压面垂直于受剪面灰缝，试件的中心线与反力支撑轴线重合。

(2) 将砖砌体抗剪试件立放在反力支撑装置承压板之间，如图6-8所示，在承压面、加荷面处垫钢板，钢板不得影响灰缝受剪。

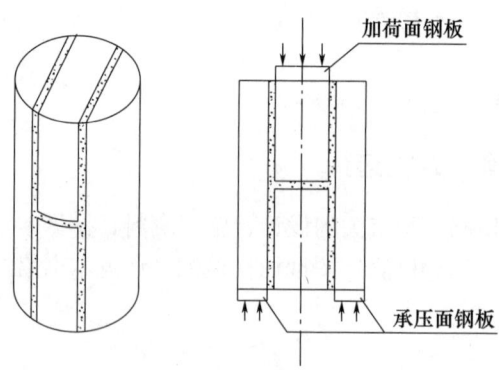

图6-8 砌体芯样抗剪试验简图

(3) 抗剪试验应采用匀速连续加荷方法,并应避免冲击,加荷速度宜控制在 (0.2~0.5) kN/s。当有一个受剪面被剪坏即认为试件破坏,应记录破坏荷载值和试件破坏特征,破坏荷载值读数精确至 0.1kN。

(4) 测量发生剪切破坏的灰缝砂浆面尺寸,读数精确至 1mm。

(5) 第 i 个测点砌体芯样沿通缝截面的抗剪强度 $\tau_{v.i}$,应按下列公式计算:

$$\tau_{v.i} = \frac{N_{vi}}{2A_i} \tag{6-1}$$

式中 $\tau_{v.i}$——第 i 个测点砌体芯样沿通缝截面的抗剪强度,精确至 0.001 MPa;

N_{vi}——第 i 个测点芯样试件的抗剪破坏荷载值,精确至 1kN;

A_i——第 i 个测点芯样试件首先发生剪切破坏的受剪灰缝的面积,精确至 $1mm^2$。

注:如果两个受剪面同时破坏,A_i 取两个受剪灰缝面积平均值。

6.3.7 注意事项

采用砌体钻芯法进行检测的人员应通过专项培训并考核合格。

现场检测作业,应遵守有关安全技术及劳动保护规定。

用钻芯法检测砌体抗剪强度及砌筑砂浆强度,还应符合国家有关标准的规定。

6.3.8 适用范围及测强曲线

1. 适用条件

地方标准《钻芯法检测砌体抗剪强度及砌筑砂浆强度技术规程》(DB37/T 2371—2022)和行业标准《钻芯法检测砌体抗剪强度及砌筑砂浆强度技术规程》(JGJ/T 368—2015)规程适用于下列条件的砌体抗剪强度和砌筑砂浆抗压强度的检测:

(1) 符合普通砌筑砂浆用材料、拌和用水的质量标准,以中砂为细集料;

(2) 砌体厚度为 240mm,砌块材料为烧结普通砖、烧结多孔砖、混凝土普通砖、混凝土多孔砖或蒸压粉煤灰砖;

(3) 采用普通施工工艺;

(4) 龄期不少于 28 d;

(5) 砌体抗剪强度 (0.08~0.8) MPa,砌筑砂浆强度为 (1.0~10.0) MPa;

(6) 钻芯法检测砌筑砂浆强度不宜单独使用,应采用其他砂浆强度检测方法验证。

2. 限制条件

地方标准《钻芯法检测砌体抗剪强度及砌筑砂浆强度技术规程》(DB37/T 2371—2022)和行业标准《钻芯法检测砌体抗剪强度及砌筑砂浆强度技术规程》(JGJ/T 368—2015)规定:当有下列情况之一时,不得采用规程所给的测强曲线,可制定专用测强曲线或通过试验进行修正:

(1) 砌体厚度不在 240mm±20mm 范围内;

(2) 砌体类型、砌块尺寸与规定不同;

(3) 粗砂或细砂配制;

(4) 特种砌筑工艺制作;

(5) 掺有微沫剂、引气剂;

(6) 长期处于高温、潮湿环境或浸水状态。

3. 山东省地区测强曲线

(1) 山东省建筑科学研究院有限公司考虑了砌块材料的多样性，对试验数据回归分析，确定240mm厚的五类砌体芯样抗剪强度与标准砌体抗剪强度换算公式及砌体芯样抗剪强度与砌筑砂浆抗压强度换算公式，见表6-1～表6-3，五类砌体包括：①普通烧结砖砌体；②烧结多孔砖砌体；③混凝土实心砖砌体；④混凝土多孔砖砌体；⑤蒸压粉煤灰砖砌体。

表6-1 不同砌体芯样抗剪强度与标准砌体抗剪强度换算公式

砌块种类	换算公式	相关系数
普通烧结砖	$f^s_{v,i}=0.642\tau_{v,i}^{0.818}$	0.882
烧结多孔砖	$f^s_{v,i}=0.639\tau_{v,i}^{1.038}$	0.920
混凝土实心砖	$f^s_{v,i}=0.870\tau_{v,i}^{1.275}$	0.863
混凝土多孔砖	$f^s_{v,i}=0.741\tau_{v,i}^{0.723}$	0.834
蒸压粉煤灰砖	$f^s_{v,i}=0.562\tau_{v,i}^{0.773}$	0.804

$\tau_{v,i}$——第i个测点砌体芯样沿通缝截面的抗剪强度，精确至0.001MPa；
$f^s_{v,i}$——第i个测点标准砌体抗剪强度换算值，精确至0.01MPa

(2) 按照《建筑砂浆基本性能试验方法》（JGJ/T 70—2009）要求制作试块（砂浆试模带底模），山东省试验数据回归分析，确定山东地区四类砌体砌筑砂浆立方体抗压强度换算公式，见表6-2。

表6-2 不同砌体芯样抗剪强度与砌筑砂浆抗压强度换算公式

砌块种类	换算公式	相关系数
普通烧结砖	$f_{cu,i}=12.91\tau_{v,i}-0.06$	0.838
烧结多孔砖	$f_{cu,i}=18.54\tau_{v,i}-1.58$	0.817
混凝土实心砖	$f_{cu,i}=15.12\tau_{v,i}-0.30$	0.862
混凝土多孔砖	$f_{cu,i}=20.69\tau_{v,i}-1.40$	0.925

$f_{cu,i}$——第i个测点砂浆强度换算值，精确至0.1MPa

(3) 按照《建筑砂浆基本性能试验方法》（JGJ/T 70—90）要求制作试块（砂浆试模不带底模），山东省试验数据回归分析，确定山东地区四类砌体砌筑砂浆立方体抗压强度换算公式，见表6-3。

表6-3 不同砌体芯样抗剪强度与砌筑砂浆抗压强度换算公式

砌块种类	换算公式	相关系数
普通烧结砖	$f_{cu,i}=15.54\tau_{v,i}+0.38$	0.826
烧结多孔砖	$f_{cu,i}=15.02\tau_{v,i}+0.26$	0.805
混凝土实心砖	$f_{cu,i}=15.93\tau_{v,i}-0.34$	0.897
混凝土多孔砖	$f_{cu,i}=19.96\tau_{v,i}-1.15$	0.948

$f_{cu,i}$——第i个测点砂浆强度换算值，精确至0.1MPa；
$\tau_{v,i}$——第i个测点砌体芯样沿通缝截面的抗剪强度，精确至0.001MPa

4. 行业标准 JGJ/T 368—2015 统一测强曲线

（1）不同砌体抗剪强度换算值应根据块体类型分别按公式计算，公式见表 6-4。

表 6-4 不同砌体芯样抗剪强度与标准砌体抗剪强度换算公式

砌块种类	换算公式	相关系数
普通烧结砖	$f_{v,i}=0.693\tau_{v,i}^{0.770}$	0.851
烧结多孔砖	$f_{v,i}=0.662\tau_{v,i}^{0.956}$	0.915
混凝土实心砖	$f_{v,i}=0.784\tau_{v,i}^{1.116}$	0.854
混凝土多孔砖	$f_{v,i}=0.691\tau_{v,i}^{0.705}$	0.863
蒸压粉煤灰砖	$f_{v,i}=0.575\tau_{v,i}^{0.792}$	0.864

$\tau_{v,i}$——第 i 个测点砌体芯样沿通缝截面的抗剪强度，精确至 0.001MPa；
$f_{v,i}$——第 i 个测点标准砌体抗剪强度换算值，精确至 0.01MPa

（2）砌筑砂浆抗压强度换算值应根据块体类型分别按公式计算，公式见表 6-5。

表 6-5 不同砌体芯样抗剪强度与砌筑砂浆抗压强度换算公式

砌块种类	换算公式	相关系数
普通烧结砖	$f_{cu,i}=14.73\tau_{v,i}^{0.88}$	0.828
烧结多孔砖	$f_{cu,i}=16.60\tau_{v,i}^{1.19}$	0.823
混凝土实心砖	$f_{cu,i}=16.46\tau_{v,i}^{1.35}$	0.912
混凝土多孔砖	$f_{cu,i}=22.47\tau_{v,i}^{1.23}$	0.892

$f_{cu,i}$——第 i 个测点砂浆强度换算值，精确至 0.1MPa

6.4 砌体钻芯法检测数据处理

6.4.1 强度平均值、标准差及变异系数

检测批强度换算值的平均值、标准差和变异系数应分别按下列公式计算：

$$m_f = \frac{\sum_{i=1}^{n} f_i}{n} \tag{6-2}$$

$$s_f = \sqrt{\frac{\sum_{i=1}^{n}(f_i)^2 - n(m_f)^2}{n-1}} \tag{6-3}$$

$$\delta = \frac{s_f}{m_f} \tag{6-4}$$

式中 f_i——第 i 个测点的强度换算值（砌体抗剪强度换算值为 $f_{v,i}$，砂浆抗压强度换算值为 $f_{cu,i}$）；

m_f——构件或检测批强度换算值的平均值（砌体抗剪强度计算精确到 0.01MPa，砌筑砂浆抗压强度计算精确到 0.1MPa）；

n——对于单个构件检测,取被测单个构件的测点数;对于按批抽样检测的构件,取被抽取构件测点数之和;

s_f——构件或检测批强度换算值的标准差(砌体抗剪强度计算精确到 0.001MPa,砌筑砂浆抗压强度计算精确到 0.01MPa);

δ——构件或检测批强度换算值的变异系数,精确到 0.01。

6.4.2 异常数据判断和处理

检测批中的异常数据,予以舍弃;异常数据的舍弃应符合《数据的统计处理和解释 正态样本离群值的判断和处理》(GB/T 4883)的规定,详见本书第 2 章 2.4 节。

6.4.3 变异系数限值

当砌体抗剪强度检测结果的变异系数 δ 大于 0.25 时,不宜直接计算强度推定值,应分析检测结果离散性较大的原因,若系检测批划分不当,宜重新分批,并增加测点数进行补测,然后重新分析计算。如确系变异系数过大,则应按单个构件进行强度推定。

当砂浆抗压强度检测结果的变异系数 δ 大于 0.35 时,应分析检测结果离散性较大的原因,若系检测批划分不当,宜重新划分,并可增加测点数进行补测,然后重新分析计算。如确系变异系数过大,则应按单个构件进行强度推定。

6.4.4 砌体抗剪强度推定

砌体抗剪强度标准值的推定应符合下列要求:
a) 当按单个构件检测时,应按下式计算:

$$f_{v,k} = f_{v,\min} \tag{6-5}$$

b) 当按批量检测时,应按下式计算:

$$f_{v,k} = m_{f_v} - k s_{f_v} \tag{6-6}$$

式中 $f_{v,k}$——构件或检测批砌体抗剪强度标准值(MPa),精确至 0.01 MPa;

m_{f_v}——构件或检测批砌体抗剪强度换算值的平均值(MPa);

s_{f_v}——构件或检测批砌体抗剪强度换算值的标准差(MPa);

$f_{v,\min}$——构件或检测批砌体抗剪强度换算值的最小值(MPa);

k——与 α、C、n 有关的强度标准值计算系数,应按表 6-6 取值。

表 6-6 计算系数

n	9	10	11	12	13	14	15	16	17	18	19	20	21
k	1.858	1.841	1.827	1.816	1.806	1.798	1.790	1.784	1.778	1.773	1.768	1.764	1.760
n	22	23	24	25	26	27	28	29	30	31	32	33	34
k	1.757	1.754	1.751	1.748	1.745	1.743	1.741	1.738	1.736	1.735	1.733	1.731	1.730
n	35	36	37	38	39	40	45	50	60	70	—	—	—
k	1.728	1.727	1.725	1.724	1.723	1.721	1.716	1.712	1.705	1.700	—	—	—

6.4.5 砌筑砂浆抗压强度推定值

砌体钻芯法检测砌筑砂浆抗压强度推定值计算与第 2 章 2.4 节相同。

6.4.6 强度超出检测范围的表述

当砌筑砂浆抗压强度检测结果小于 1.0MPa 或大于 10.0MPa 时,不应给出具体检测值,可仅给出检测值范围 $f_{au,e}$<1.0MPa,或 $f_{au,e}$>10.0MPa。

当砌体抗剪强度检测结果小于 0.08MPa 或大于 0.8MPa 时,不应给出具体检测值,可仅给出检测值范围 $f_{v,k}$<0.08MPa,或 $f_{v,k}$>0.8MPa。

第7章 其他砌体工程现场检测技术介绍

7.1 概述

我国的砌体工程现场检测方法在世界上是最多的。目前能测试的内容有砌体抗压强度、砌体抗剪强度、砌体的工作应力、弹性模量及砌筑砂浆强度。现场检测技术不仅应用于在建砌体结构施工质量的检测、鉴定，也用于既有房屋的加层、改造，以及古建筑砌体结构工作应力、强度和弹性模量的测定。

由四川省建设委员会主编的《砌体工程现场检测技术标准》（GB/T 50315—2000）于2000年7月6日发布，2000年10月1日实施。2011年对此标准进行修订，颁布《砌体工程现场检测技术标准》（GB/T 50315—2011，以下简称"标准GB/T 50315—2011"）。此标准包括原位轴压法、扁顶法、切制抗压试件法、原位单剪法、原位双剪法、推出法、筒压法、砂浆片剪切法、砂浆回弹法、点荷法、烧结砖回弹法11种方法。

7.1.1 适用条件

标准GB/T 50315—2011所列方法主要是为已有建筑物和一般构筑物进行可靠性鉴定时，采集现场砌体强度参数而制定的方法，有时亦用于建筑物施工验收阶段。在出现下述情况时，可用标准GB/T 50315—2011对新建或已建砌体工程中砖砌体和砂浆进行现场检测和强度推定：

1. 新建工程，检测和评定砌筑砂浆或砖、砖砌体的强度，应按国家现行标准《砌体工程施工质量验收规范》（GB 50203）、《砌体基本力学性能试验方法标准》（GB/T 50129）等执行。

当遇到下列情况之一时，可按标准GB/T 50315—2011检测和推定砌筑砂浆或砖、砖砌体的强度：

（1）砂浆试块缺乏代表性或试件数量不足；
（2）对砂浆试块的试验结果有怀疑或争议，需要确定实际的砌体抗压、抗剪强度；
（3）发生工程事故或对施工质量有怀疑和争议，需要进一步分析砖、砂浆和砌体的强度。

2. 对既有砌体工程，在进行下列鉴定时，可按标准GB/T 50315检测和推定砌筑砂浆强度、砖的强度或砌体的工作应力、弹性模量和强度。

（1）安全鉴定、危房鉴定及其他应急鉴定；
（2）抗震鉴定；
（3）大修前的可靠性鉴定；
（4）房屋改变用途、改建、加层或扩建前的专门鉴定。

7.1.2 基本概念

(1) 检测单元：每一楼层且总量不大于 250m² 的材料品种和设计强度等级均相同的砌体；

(2) 测区：在一个检测单元内，随机布置的一个或若干个检测区域；

(3) 测点：在一个测区内，按检测方法的要求，随机布置的一个或若干个检测点；

(4) 原位轴压法：采用原位压力机在墙体上进行抗压测试，检测砌体抗压强度的方法；

(5) 扁式液压顶法：采用扁式液压千斤顶在墙体上进行抗压测试，检测砌体的受压应力、弹性模量、抗压强度的方法，简称扁顶法；

(6) 切制抗压试件法：从墙体上切割、取出外形几何尺寸为标准抗压砌体试件，运至试验室进行抗压测试的方法。(此方法目前操作有一定难度，使用较少。)

(7) 原位砌体通缝单剪法：在墙体上沿单个水平灰缝进行抗剪测试，检测砌体抗剪强度的方法，简称原位单剪法；

(8) 原位双剪法：采用原位剪切仪在墙体上对单块或双块顺砖进行双面受剪测试，检测砌体抗剪强度的方法；

(9) 推出法：采用推出仪从墙体上水平推出单块丁砖，测得水平推力及推出砖下的砂浆饱满度，以此推定砌筑砂浆抗压强度的方法；

(10) 筒压法：将取样砂浆破碎、烘干并筛分成符合一定级配要求的颗粒，装入承压筒并施加筒压荷载，检测其破损程度（筒压比），根据筒压比推定砌筑砂浆抗压强度的方法；

(11) 砂浆片剪切法：采用砂浆测强仪检测砂浆片的抗剪强度，以此推定砌筑砂浆抗压强度的方法；

(12) 点荷法：在砂浆片的大面上施加点荷载，推定砌筑砂浆抗压强度的方法；

(13) 槽间砌体：采用原位轴压法和扁顶法在砖墙上检测砌体的抗压强度时，开凿的两个水平槽之间的砌体；

(14) 筒压比：采用筒压法检测砂浆强度时，砂浆试样经筒压试验并筛分后，留在孔径 5mm 筛以上的累计筛余量与该试样总量的比值，简称筒压比。

7.1.3 检测程序及前期工作

现场检测工作程序及前期准备工作同本书第 2 章 2.2.1 条。

7.1.4 检测单元测区和测点

1. 当检测对象为整栋建筑物或建筑物的一部分时，应将其划分为一个或若干个可以独立进行分析的结构单元，每一结构单元划分为若干个检测单元。

2. 每一检测单元内，应随机选择 6 个构件（单片墙体、柱）作为 6 个测区。当一个检测单元不足 6 个构件时，应将每个构件作为一个测区。

3. 每一测区应随机布置若干测点。各种检测方法的测点数，应符合下列要求：

(1) 原位轴压法、扁顶法、原位单剪法、筒压法的测点数不应少于 1 个；

（2）原位单砖双剪法、推出法、砂浆片剪切法、点荷法、射钉法的测点数不应少于5个。

7.1.5 检测方法分类及其选用原则

1. 砌体工程的现场检测方法，按对墙体损伤程度，可分为以下两类：

（1）非破损检测方法，在检测过程中，对砌体结构的既有性能没有影响；

（2）局部破损检测方法，在检测过程中，对砌体结构的既有性能有局部的、暂时的影响，但可修复。

2. 砌体工程的现场检测方法，按测试内容可分为下列几类。

（1）检测砌体抗压强度：原位轴压法、扁顶法、切制抗压试件法；

（2）检测砌体工作应力、弹性模量：扁顶法；

（3）检测砌体抗剪强度：原位单剪法、原位双剪法；

（4）检测砌筑砂浆强度：推出法、筒压法、砂浆片剪切法、点荷法、回弹法、砂浆片局压法；

（5）检测砌筑块体抗压强度可采用烧结砖回弹法、取样法。（山东省验证结果：烧结砖回弹法误差较大，本书不做介绍）。

3. 选用检测方法和在墙体上选定测点，尚应符合下列要求：

（1）除原位单剪法外，测点不应位于门窗洞口处。

（2）所有方法的测点不应位于补砌的临时施工洞口附近。

（3）应力集中部位的墙体以及墙梁的墙体计算高度范围内，不应选用有较大局部破损的检测方法。

（4）砖柱和宽度小于3.6m的承重墙，不应选用有较大局部破损的检测方法。

（5）现场检测或取样检测时，砌筑砂浆的龄期不应低于28d。

（6）检测砌筑砂浆强度时，取样砂浆试件或被检测水平灰缝应处于干燥状态。

4. 根据检测目的、设备及环境条件可按照表7-1选择检测方法。

表7-1 检测方法一览表

序号	检测方法	特点	用途	限制条件
1	原位轴压法	1. 属原位检测，直接在墙体上测试，测试结果综合反映施工质量和砂浆质量； 2. 直观性、可比性强； 3. 设备较重； 4. 检测部位有较大局部破损	1. 检测普通砖和多孔砖砌体的抗压强度； 2. 火灾、环境侵蚀后的砌体剩余抗压强度	1. 槽间砌体每侧的墙体宽度不应小于1.5m；测点宜选在墙体长度方向的中部； 2. 限用于240mm厚的砖墙
2	扁顶法	1. 属原位检测，直接在墙体上测试，测试结果综合反映材料质量的施工质量； 2. 直观性、可比性强； 3. 扁顶重复使用率较低，设备较轻； 4. 砌体强度较高或轴向变形较大时，难以测出抗压强度； 5. 检测部位局部破损	1. 检测普通砖和多孔砖砌体的抗压强度； 2. 检测古建筑和重要建筑的受压工作应力； 3. 检测砌体弹性模量； 4. 火灾、环境侵蚀后的砌体剩余抗压强度	1. 槽间砌体每侧的墙体宽度不应小于1.5m；测点宜选在墙体长度方向的中部； 2. 不适用于测试墙体破坏荷载大于400kN的墙体

续表

序号	检测方法	特点	用途	限制条件
3	切制抗压试件法	1. 属取样检测，检测结果综合反映了材料质量和施工质量； 2. 试件尺寸与标准抗压试件相同，可比性较强； 3. 设备较重，现场操作较复杂，有水污染； 4. 取样部位有较大损伤，试件搬运不易； 5. 检测结果不需换算	1. 检测普通砖和多孔砖砌体的抗压强度； 2. 火灾、环境侵蚀后的砌体剩余抗压强度	取样部位每侧的墙体宽度不应小于1.5m，且应为在墙体长度方向的中部或受力较小处
4	原位单剪法	1. 属原位检测，直接在墙体上测试，测试结果综合反映了材料质量和施工质量； 2. 直观性强； 3. 检测部位有较大局部破损	检测各种砖砌体的抗剪强度	1. 测点选在窗下墙部位，且承受反作用力的墙体应有足够长度； 2. 测点数量不宜太多
5	原位双剪法	1. 属原位检测，直接在墙体上测试，测试结果综合反映施工质量和砂浆质量； 2. 直观性强； 3. 设备较轻便； 4. 检测部位局部破损	检测烧结普通砖和烧结多孔砖砌体的抗剪强度	—
6	推出法	1. 属原位检测，直接在墙体上测试，测试结果综合反映施工质量和砂浆质量； 2. 设备较轻便； 3. 检测部位局部破损	检测烧结普通砖、烧结多孔砖、蒸压灰砂砖或蒸压粉煤灰墙体的砂浆强度	当水平灰缝的砂浆饱满度低于65%时，不宜选用
7	筒压法	1. 属取样检测； 2. 仅需利用一般实验室常用设备； 3. 取样部位局部损伤	检测烧结普通砖和烧结多孔砖墙体中的砂浆强度	—
8	砂浆片剪切法	1. 属取样检测； 2. 专用的砂浆测强仪和其标定仪，较为轻便； 3. 测试工作较简便； 4. 取样部位局部损伤	检测烧结普通砖和烧结多孔砖墙体中的砂浆强度	—
9	砂浆回弹法	1. 属原位无损检测，测区选择不受限制； 2. 回弹仪有定型产品，性能较稳定，操作简便； 3. 检测部位的装修面层仅局部损伤	1. 检测烧结普通砖和烧结多孔砖墙体中的砂浆强度； 2. 主要用于砂浆强度均质性检查	1. 不适用于砂浆强度小于2MPa的墙体； 2. 水平灰缝表面粗糙且难以磨平时，不得采用
10	点荷法	1. 属取样检测； 2. 操作简便； 3. 检测部位局部损伤	检测烧结普通砖和烧结多孔砖墙体中的砂浆强度	不适用于砂浆强度小于2MPa的墙体

续表

序号	检测方法	特点	用途	限制条件
11	砂浆片局压法	1. 属取样检测； 2. 局压仪有定型产品，性能较稳定，操作简便； 3. 取样部位局部损伤	检测烧结普通砖和烧结多孔砖墙体中的砂浆强度	适用范围： 1. 水泥石灰砂浆强度：1~10MPa； 2. 水泥砂浆强度：1~20MPa
12	烧结砖回弹法	1. 属原位无损检测； 2. 回弹仪有定型产品，性能较稳定，操作简便； 3. 检测部位的装修面层仅局部损伤	检测烧结普通砖和烧结多孔砖墙体中的砖强度	适用范围：6~30MPa

7.2 原位轴压法

7.2.1 概述

原位轴压法是西安建筑科技大学在扁顶法基础上提出的，具有设备耐用、变形适应能力强、操作简便的优点，对砂浆强度低，变形很大或砌体强度较高的砌体均可适用。其缺点是原位压力机较重，其中油缸式液压扁顶重约25kg，搬运比较费力。重庆市建筑科学研究院对原位轴压法进行了较多的试验和试点应用工作，并主编了四川省地方标准《原位轴压法测定砌体抗压强度技术规程》（DB 51/5007—94）。在上述工作的基础上，编制组又组织了两次验证性考核，将其编入标准（GB/T 50315）。

原位轴压法属原位测试砌体抗压强度方法，与测试砖及砂浆的强度间接推算砌体抗压强度相比，更为直观和可靠。测试结果除能反映砖和砂浆的强度外，还反映了砌筑质量对砌体抗压强度的影响。砌体的原材料指标相同，仅砌筑质量不同，砌体抗压强度可相差一倍以上。因而这是原位轴压法的优点。标准GB/T 50315—2000的对比试验是以240mm厚的普通砖（包括黏土砖、灰砂砖、页岩砖等）砌体进行的，2010年，标准GB/T 50315修订时，西安建筑科技大学、重庆市建筑科学研究院、上海市建筑科学研究院等单位进行了一系列多孔砖砌体的对比试验，证明原位轴压法亦可用于多孔砖砌体的抗压强度检测。

原位轴压法仅测试砌体抗压强度，对抗剪强度无法作出评价，因此，原位轴压法应与其他砌筑砂浆强度检测或砌体抗剪强度检测一同使用。

原位压力机是1987年由西安建筑科技大学研制的，在研制过程中，必须解决两个关键的问题：一是在扁顶高度尺寸受限制的条件下，当扁顶工作压力达20MPa以上时保证严格的密封和防尘；二是当油缸遇到偏心荷载作用时，防止油缸内腔和柱塞的同心受到破坏而造成油缸泄漏和缩短寿命，为此采用了内腔特殊油路、柱塞上加设球铰调正偏心的方法。

7.2.2 一般规定

1. 本方法适用于推定240mm厚的普通砖砌体或多孔砖砌体的抗压强度。检测时，在墙体上开凿两条水平槽孔，安放原位压力机。原位压力机由手动油泵、扁式千斤顶、反力平衡架等组成，其工作状况如图 7-1 所示。

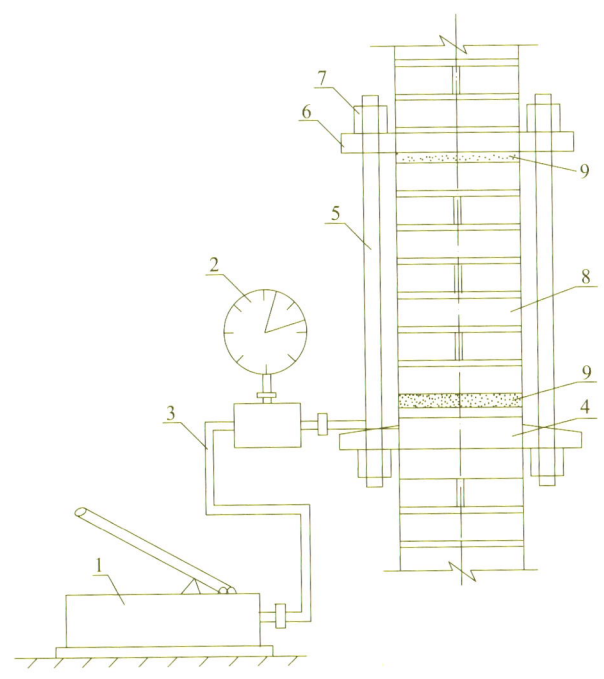

1—手动油泵；2—压力表；3—高压油管；4—扁式千斤顶；
5—拉杆（共 4 根）；6—反力板；7—螺母；8—槽间砌体；9—砂垫层。

图 7-1 原位压力机测试工作状况

2. 测试部位应具有代表性，并应符合下列规定：
（1）测试部位宜选在墙体中部距楼、地面 1m 左右的高度处；槽间砌体每侧的墙体宽度不应小于 1.5m。
（2）同一墙体上，测点不宜多于 1 个，且宜选在沿墙体长度的中间部位；测点多于 1 个时其水平净距不得小于 2.0m。
（3）测试部位不得选在挑梁下、应力集中部位以及墙梁的墙体计算高度范围内。

7.2.3 测试设备的技术指标

1. 原位压力机主要技术指标，应符合表 7-2 的要求。

表 7-2 原位压力机主要技术指标

项目	指标		
	450 型	600 型	800 型
额定压力（kN）	400	500	750
极限压力（kN）	450	600	800
额定行程（mm）	15	15	15
极限行程（mm）	20	20	20
示值相对误差（%）	±3	±3	±3

2. 原位压力机的力值，应每半年校准一次。

7.2.4 试验步骤

1. 在测点上开凿水平槽孔时，应遵守下列规定：
（1）上下水平槽的尺寸应符合表 7-3 的要求。

表 7-3 水平槽尺寸

名称	长度（mm）	厚度（mm）	高度（mm）
上水平槽	250	240	70
下水平槽	250	240	≥110

（2）上下水平槽孔应对齐。普通砖砌体，槽间砌体高度应为 7 皮砖；多孔砖砌体，槽间砌体高度应为 5 皮砖。
（3）开槽时，应避免扰动四周的砌体，槽间砌体的承压面应修平整。

2. 在槽孔间安放原位压力机时，应符合下列规定：
（1）在上槽内的下表面和扁式千斤顶的顶面，应分别均匀铺设湿细砂或石膏等材料的垫层，垫层厚度约 10mm。
（2）将反力板置于上槽孔，扁式千斤顶置于下槽孔，安放四根钢拉杆，使两个承压板上下对齐后，拧紧螺母并调整其平行度，四根钢拉杆的上下螺母间的净距误差不应大于 2mm。
（3）正式测试前，应进行试加荷载试验，试加荷载值可取预估破坏荷载的 10%。检查测试系统的灵活性和可靠性，以及上下压板和砌体受压面接触是否均匀密实。经试加荷载，测试系统正常后卸荷，开始正式测试。

3. 参照现行国家标准《砌体基本力学性能试验方法标准》（GB/T 50129—2011）有关规定，正式测试时，应分级加荷。每级荷载可取预估破坏荷载的 10%，并在 1～1.5min 内均匀加完，然后恒载 2min。加荷至预估破坏荷载的 80% 后，应按原定加荷速度连续加荷，直至槽间砌体破坏。当槽间砌体裂缝急剧扩展和增多，油压表的指针明显回退时，槽间砌体达到极限状态。

4. 试验过程中，如发现上下压板与砌体承压面因接触不良，致使槽间砌体呈局部受压或偏心受压状态时，应停止试验。此时应调整试验装置，重新试验，无法调整时应更换测点。

5. 试验过程中，应仔细观察槽间砌体初裂裂缝与裂缝开展情况，记录逐级荷载下的油压表读数、测点位置、裂缝随荷载变化情况简图等。

7.2.5 数据分析

槽间砌体抗压强度值是在有侧向约束条件下测得的，其值高于现行国家标准《砌体基本力学性能试验方法标准》（GB/T 50129—2011）规定的在无侧向约束条件下测得的标准试件的抗压强度。为了便于与现行国家标准《砌体结构设计规范》（GB 50003—2011）对比和使用，应将槽间砌体的抗压强度换算为标准的砌体抗压强度，即将槽间砌体抗压强度除以强度换算系数 ξ_{1ij}，该系数是通过墙体中约束砌体抗压强度的同条件下标准试件抗压强度对比试验确定的。有限元分析和试验均表明，槽间砌体两侧的约束墙肢宽度和约束墙肢上的压应力 σ_{0ij} 是影响其大小的主要因素，当约束墙肢宽度达到 1.0m 以上时，即可提供足够的约束而不再考虑约束墙肢宽度的影响。因此规定，测点两侧均应有 1.5m 宽的墙体。在确定 ξ_{1ij} 时，仅考虑 σ_{0ij} 的影响，σ_{0ij} 越大，槽间砌体强度越高，ξ_{1ij} 也越大。根据西安建筑科技大学和重庆建筑科学研究院进行的 73 片墙 37 组对比试验结果，回归方程为 $\xi_{1ij}=1.34+0.55\sigma_{0ij}$。西安建筑科技大学、重庆市建筑科学研究院、上海市建筑科学研究院进行 59 个多孔砖砌体对比试验，回归方程为 $\xi_{1ij}=1.25+0.77\sigma_{0ij}$。两类砌体计算结果对比，多数情况下相对差值在 4% 以内，表明两类砌体约束性能没有显著差异，可采用统一的表达式。两类砌体数据合并进行回归统计，回归方程为 $\xi_{1ij}=1.275+0.25\sigma_{0ij}$，为简化公式，并与扁顶法协调，确定强度换算系数计算公式为 $\xi_{1ij}=1.25+0.60\sigma_{0ij}$。试验表明，当 σ_{0ij} 过大时（$\sigma_{0ij}/f_m>0.4$，此处 f_m 为砌体极限抗压强度），ξ_{1ij} 将不再随 σ_{0ij} 线性增长；当 $\sigma_{0ij}/f_m=1$ 时，$\xi_{1ij}=1$。考虑到实际工作中 σ_{0ij} 一般均在 $0.4f_m$ 以下，故采用了运算简便的线性表达式。

1. 根据槽间砌体初裂和破坏时的油压表读数，分别减去油压表的初始读数，按原位压力机的校准结果，计算槽间砌体的初裂荷载值和破坏荷载值。

2. 槽间砌体的抗压强度，应按下式计算：

$$f_{uij}=N_{uij}/A_{ij} \tag{7-1}$$

式中 f_{uij}——第 i 个测区第 j 个测点槽间砌体的抗压强度（MPa）；

N_{uij}——第 i 个测区第 j 个测点槽间砌体的受压破坏荷载值（N）；

A_{ij}——第 i 个测区第 j 个测点槽间砌体的受压面积（mm²）。

3. 槽间砌体抗压强度换算为标准砌体的抗压强度应按下列公式计算：

$$f_{mij}=f_{uij}/\xi_{1ij} \tag{7-2}$$

$$\xi_{1ij}=1.25+0.60\sigma_{0ij} \tag{7-3}$$

式中 f_{mij}——第 i 个测区第 j 个测点的标准砌体抗压强度换算值（MPa）；

ξ_{1ij}——原位轴压法的无量纲的强度换算系数；

σ_{0ij}——该测点上部墙体的压应力（MPa），其值可按墙体实际所承受的荷载标准值计算。

4. 测区的砌体抗压强度平均值，应按下式计算：

$$f_{mi}=\frac{1}{n_1}\sum_{j=1}^{n_1}f_{mij} \tag{7-4}$$

式中 f_{mi}——第 i 个测区的砌体抗压强度平均值（MPa）；

n_1——第 i 个测区的测点数。

5. 可按两种方法计算 σ_{0ij}：

第一种，一般情况下，用理论方法计算，即计算至该槽间砌体以上的所有墙体及楼屋盖荷载标准值，楼层上的可变荷载标准值可根据实际情况确定，然后换算为压应力值。在此需要特别指出的是，可变荷载应按实际调查情况确定，而不是选用现行国家标准《建筑结构荷载规范》（GB 50009）的规定值；计算时取荷载标准值，而不是荷载设计值，即不考虑荷载分项系数。

第二种，对于重要的鉴定性试验，宜采用实测压应力值。

7.3 扁顶法

7.3.1 概述

扁式液压顶法(简称"扁顶法")是湖南大学研究的检测原位砌体承载力和砌体受压性能的新技术。在砖墙内开凿水平灰缝槽，此时应力释放，在槽内装入扁式液压千斤顶(简称"扁顶")后进行应力恢复，从而直接测得墙体的受压工作应力，并通过测定槽间砌体的抗压强度和轴向变形值确定其标准砌体抗压强度和弹性模量。

此方法设备轻便、易于操作、直观可靠，并可使墙体受压工作应力、砌体弹性模量和砌体抗压强度等一次测定完成。

扁顶法是在试验墙体上部所承受的均匀压应力为0~1.37MPa，标准砌体抗压强度最大为3.04MPa的情况下，被试验结果和理论分析所证实。对于8层及8层以下的民用房屋，采用本方法确定砖墙中砌体抗压强度有足够的准确性。

因墙体所承受的主应力方向已定，且垂直方向的主压应力是主要控制应力，当沿水平灰缝开凿一条应力解除槽时，槽周围的墙体应力得到部分解除，应力重新分布。在槽的上下设置变形测量点，可直接观测到因开槽而带来的相对变形变化，即因应力解除而产生的变形释放。将扁顶装入恢复槽内，向其供油压，当扁顶内压力平衡了预先存在的垂直于灰缝槽口面的静态应力时，即应力状态完全恢复，所求墙体受压工作应力即由扁顶内的压力表显示。分析表明，当扁顶施压面积与开槽面积之比大于或等于0.8时，用变形恢复来控制应力恢复相当准确。

在墙体内开凿两条水平灰缝并装入扁顶，则扁顶间所限定的砌体(槽间砌体)，相当于试验一个原位标准砌体试件。对上下两个扁顶供油压，便可测得砌体的变形特征(如砌体弹性模量)和砌体的极限抗压强度。

扁式液压千斤顶既是施力元件又是测力元件，要求扁顶的厚度小于水平灰缝厚度，且具有较大的垂直变形能力，一般需采用牌号1Cr18Ni9Ti不锈钢或者优质合金钢薄板制成。当扁顶的顶升变形大于10mm，或取出一皮砖安设扁顶试验时，应增设钢制可调楔形垫块，以确保扁顶可靠的工作。

应用扁顶法，须根据测试目的采用不同的试验步骤，要注意以下三点：

(1) 仅测定墙体的受压工作应力，在测点只开凿一条水平灰缝，使用一个扁顶。

(2) 测定墙体受压工作应力和砌体抗压强度：在测点先开凿一条水平槽，使用一个扁顶测定墙体受压工作应力；然后开凿第二条水平槽，使用两个扁顶测定砌体弹性模量和砌体抗压强度。

(3) 仅测定墙内砌体抗压强度，同时开凿两条水平槽，使用两个扁顶。

7.3.2 一般规定

1. 本方法适用于推定普通砖砌体或多孔砖砌体的受压弹性模量、抗压强度或墙体的受压工作应力。检测时在墙体的水平灰缝处开凿两条槽孔，安放扁顶，加荷设备由手动油泵、扁顶等组成，测试工作状况如图7-2所示。

2. 测试部位与原位轴压法要求一致。

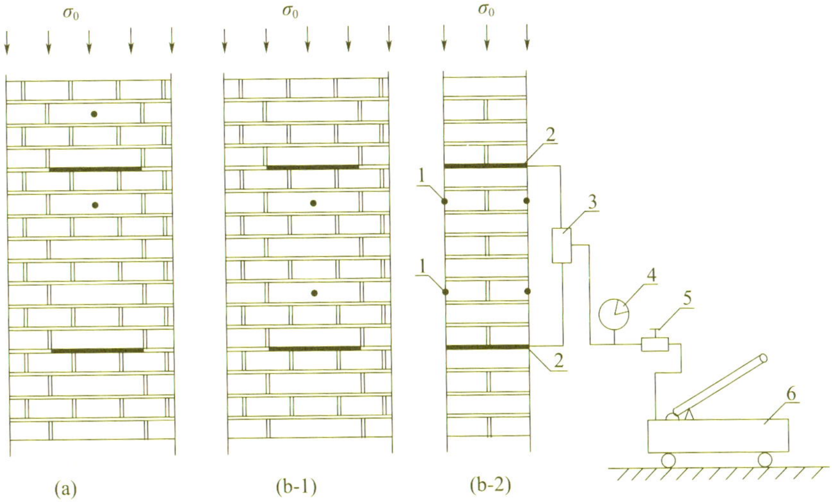

(a) 测试受压工作应力 (b) 测试弹性模量、抗压强度

1—变形测量脚标（两对）；2—扁式液压千斤顶；3—三通接头；4—压力表；5—溢流阀；6—手动油泵。

图 7-2　测试工作状况

7.3.3　测试设备的技术指标

1. 扁顶由厚 1mm 的合金钢板焊接而成，总厚度为 5～7mm，大面尺寸分别为 250mm×250mm、250mm×380mm、380mm×380mm 和 380mm×500mm，对 240mm 厚的墙体可选用前两种扁顶，对 370mm 厚的墙体可选用后两种扁顶。

2. 扁顶的主要技术指标应符合表 7-4 的要求。

表 7-4　扁顶的主要技术指标

项目	指标	项目	指标
额定压力（kN）	400	极限行程（mm）	15
极限压力（kN）	480	示值相对误差（%）	±3
额定行程（mm）	10	—	—

3. 每次使用前，应校准扁顶的力值。
4. 手持式应变仪和千分表也应校准合格，且主要技术指标应符合表 7-5 的要求。

表 7-5　手持式应变仪和千分表的主要技术指标

项目	行程（mm）	分辨率（mm）
指标	1～3	0.001

7.3.4　试验步骤

1. 测试墙体的受压工作应力时，应符合下列要求：
（1）在选定的墙体上，标出水平槽的位置并牢固粘贴两对变形测量的脚标。脚标应位于水平槽正中并跨越该槽；普通砖砌体脚标之间的距离应相隔 4 条水平灰缝，宜取 250mm；多孔砖砌全脚标之间的距离应相隔 3 条水平灰缝，宜取 270~300mm。

（2）使用手持应变仪或千分表在脚标上测量砌体变形的初读数，应测量 3 次，取其平均值。

（3）在标出水平槽位置处，应剔除水平灰缝内的砂浆。水平槽的尺寸应略大于扁顶尺寸。开凿时不应损伤测点部位的墙体及变形测量脚标。槽的四周应清理平整，除去灰渣。

（4）使用手持式应变仪或千分表在脚标上测量开槽后的砌体变形值，待读数稳定后方可进行下一步试验工作。

（5）在槽内安装扁顶，扁顶上下两面宜垫尺寸相同的钢垫板，并应连接测试设备的油路。

（6）正式测试前，应进行试加荷载试验，试加荷载值可取预估破坏荷载值的 10%。检查测试系统的灵活性和可靠性，以及上下压板和砌体受压面接触是否均匀密实。经试加荷载，测试系统正常后卸荷，开始正式测试。

（7）正式测试时，应分级加荷。每级荷载应为预估破坏荷载值的 5%，并在 1.5~2min 内均匀加完，恒载 2min 后，测读变形值。当变形值接近开槽前的读数时，应适当减小加荷级差，直至实测变形值达到开槽前的读数，然后卸荷。

2. 实测墙内砌体抗压强度或弹性模量时，应符合下列要求：

（1）在完成墙体的受压工作应力测试后，开凿第二条水平槽，上下槽应互相平行、对齐。当选用 250mm×250mm 扁顶时，普通砖砌体两槽之间相隔 7 皮砖；多孔砖砌体两槽之间相隔 5 皮砖。当选用 250mm×380mm 扁顶时，普通砖砌体两槽之间相隔 8 皮砖；多孔砖砌体两槽之间相隔 6 皮砖。遇有灰缝不规则或砂浆强度较高而难以凿槽的情况时，可以在槽孔处取出 1 皮砖，安装扁顶时应采用钢制楔形垫块调整其间隙。

（2）按要求在上下槽内安装扁顶。

（3）正式测试前，应进行试加荷载试验，试加荷载值可取预估破坏荷载的 10%。检查测试系统的灵活性和可靠性，以及上下压板和砌体受压面接触是否均匀密实。经试加荷载，测试系统正常后卸荷，开始正式测试。

（4）正式测试时，应分级加荷。每级荷载值可取预估破坏荷载值的 10%，并在 1~1.5min 内均匀加完，然后恒载 2min。加荷至预估破坏荷载值的 80%后，应按原定加荷速度连续加荷，直至槽间砌体破坏。当槽间砌体裂缝急剧扩展和增多，油压表的指针明显回退时，槽间砌体达到极限状态。

（5）当槽间砌体上部压应力小于 0.2MPa 时，应加设反力平衡架，方可进行试验。当槽间砌体上部压应力不小于 0.2MPa 时，也宜加设反力平衡架后再进行测试。反力平衡架可由两块反力板和四根钢拉杆组成。

3. 当需要测定砌体受压弹性模量时，还应符合下列要求：

（1）应在槽间砌体两侧各粘贴一对变形测量脚标，脚标应位于槽间砌体的中部。普通砖砌体脚标之间应相隔 4 条水平灰缝，宜取 250mm；多孔砖砌体脚标之间应相隔 3 条水平灰缝，宜取 270~300mm。试验前应记录标距值，精确至 0.1mm。

(2) 正式测试前,应反复施加 10% 的预估破坏荷载,其次数不宜少于 3 次。

(3) 测试时,加荷方法等应符合本节 7.3.4 第 2 条 (4) 有关要求,并应测记逐级荷载下的变形值。

(4) 累计加荷的应力上限不宜大于槽间砌体极限抗压强度的 50%。

4. 当仅需要测定砌体抗压强度时,应同时开凿两条水平槽,按本节 7.3.4 第 2 条的要求进行试验。

5. 试验记录内容应包括描绘测点布置图、墙体砌筑方式、扁顶位置、脚标位置、轴向变形值、逐级荷载下的油压表读数、裂缝随荷载变化的情况简图等。

7.3.5 数据分析

1. 根据扁顶的校准结果,应将油压表读数换算为试验荷载值。

2. 墙体的受压工作应力,应等于按本章第 7.3.4 节第 1 条规定的实测变形值达到开凿前的读数时所对应的应力值。

3. 砌体在有侧向约束情况下的受压弹性模量,应按现行国家标准《砌体基本力学性能试验方法标准》(GB/T 50129) 的有关规定计算;当换算为标准砌体的弹性模量时,计算结果应乘以换算系数 0.85。

4. 槽间砌体的抗压强度,应按公式 (7-1) 计算。

5. 槽间砌体抗压强度换算为标准砌体的抗压强度,应按公式 (7-2)、公式 (7-3) 计算。

6. 测区的砌体抗压强度平均值,应按公式 (7-4) 计算。

7.4 原位单剪法

7.4.1 概述

原位砌体通缝单剪法主要是依据国内以往砖砌体单剪试验方法并参照苏联的砌体抗剪试验方法编制的。现行国家标准《砌体基本力学性能试验方法标准》(GB/T 50129—2011) 自颁布施行以来,将砌体单剪试验方法改为双剪试验方法,但单剪、双剪两种方法的对比试验结果通过 t 检验,没有显著性差异,只是前者的变异系数略大,作为一种长期使用过的经验方法,仍有其实用性。

测点选在窗洞口下部,对墙体损伤较小,便于安放检测设备,且没有上部压应力等因素的影响,测试结果直接、准确。

7.4.2 一般规定

本方法适用于推定砖砌体沿通缝截面的抗剪强度。检测时,测试部位宜选在窗洞口或其他洞口下三皮砖范围内,试件的加工过程中应避免扰动被测灰缝,试件具体尺寸如图 7-3 所示。

测试部位不应选在后砌窗下墙处,且其施工质量应具有代表性。加工、制备试件过程中,被测灰缝如发生明显的扰动,应舍去此试件。

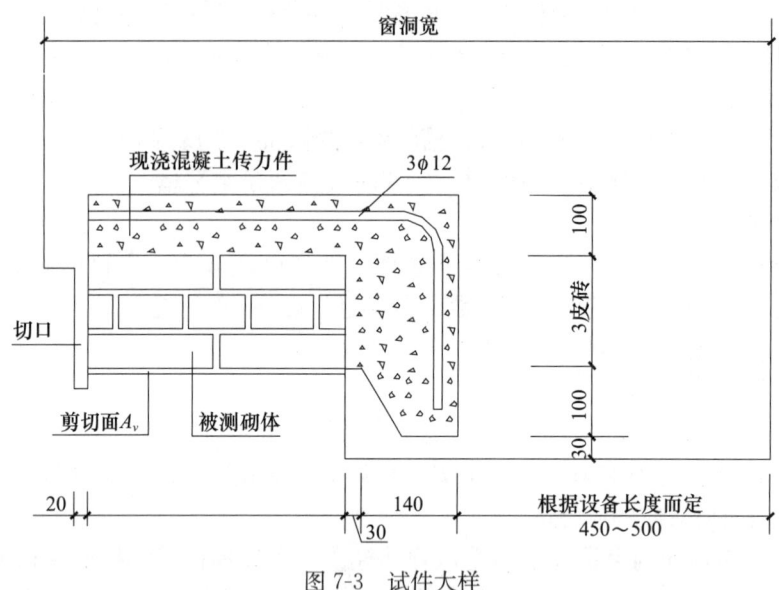

图 7-3 试件大样

7.4.3 测试设备的技术指标

1. 测试设备包括螺旋千斤顶或卧式液压千斤顶、荷载传感器及数字荷载表等。试件的预估破坏荷载值应在千斤顶、传感器最大测量值的 20%～80%。

2. 检测前，应标定荷载传感器及数字荷载表，其示值相对误差应不大于 2%。

7.4.4 试验步骤

如使用手提切片砂轮或木工锯在墙体上开凿切口，对墙体扰动很小，可不考虑其不利影响。谨慎地做好施加荷载前的各项工作，尤其是正确地安装加荷系统及测试仪表，是获得准确测试结果的必要保证，测试状态如图 7-4 所示。

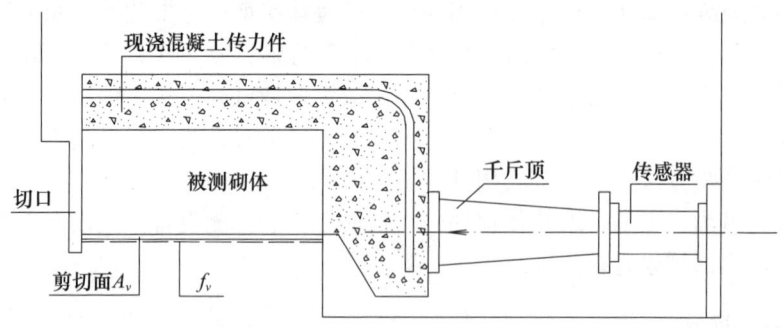

图 7-4 测试装置

1. 在选定的墙体上，应采用振动较小的工具加工切口，现浇钢筋混凝土传力件（见图 7-4），混凝土强度等级不应低于 C15。

2. 测量被测灰缝的受剪面尺寸，精确至 1mm。

3. 安装千斤顶及测试仪表，千斤顶的加力轴线应严格对准被测灰缝的上表面。

4. 应匀速施加水平荷载，并控制试件在 2～5min 内破坏。当试件沿受剪面滑动、千斤顶开始卸荷时，即判定试件达到破坏状态。记录破坏荷载值，结束试验。在预定剪切面（灰缝）破坏时，测试有效。

5. 加荷测试结束后，翻转已破坏的试件，检查剪切面破坏特征及砌体砌筑质量，并应详细记录。

7.4.5 数据分析

1. 根据测试仪表的校准结果，进行荷载换算，精确至 10N。
2. 砌体的沿通缝截面抗剪强度按下式计算：

$$f_{vij} = \frac{N_{vij}}{A_{vij}} \tag{7-5}$$

式中 f_{vij}——第 i 个测区第 j 个测点的砌体沿通缝截面抗剪强度（MPa）；

N_{vij}——第 i 个测区第 j 个测点的抗剪破坏荷载（N）；

A_{vij}——第 i 个测区第 j 个测点的受剪面积（mm²）。

3. 测区的砌体沿通缝截面抗剪强度平均值，应按下式计算：

$$f_{vi} = \frac{1}{n_1} \sum_{j=1}^{n_1} f_{vij} \tag{7-6}$$

式中 f_{vi}——第 i 个测区的砌体沿通缝截面抗剪强度平均值（MPa）。

7.5 原位双剪法

7.5.1 概述

原位单砖双剪法是陕西省建筑科学研究院研究的砌体抗剪强度检测方法，包括原位单砖双剪法和原位双砖双剪法。原位单砖双剪法适用于推定各类墙厚的烧结普通砖或烧结多孔砖砌体的抗剪强度，原位双砖双剪法仅适用于推定 240mm 厚墙的烧结普通砖或烧结多孔砖砌体的抗剪强度。检测时，应将原位剪切仪的主机安放在墙体的槽孔内，并以一块或两块并列完整的顺砖及其上下两条水平灰缝作为一个测点（试件）。

7.5.2 一般规定

1. 原位双剪法宜选用释放或可忽略受剪面上部压应力 σ_0 作用的测试方案；当上部压应力 σ_0 较大且可较准确计算时，也可选用在上部压应力 σ_0 作用下的测试方案。

2. 在测区内选择测点，应符合下列规定：

(1) 每个测区随机布置的 n_1 个测点，对于原位单砖双剪法，在墙体两面的测点数量宜接近或相等。

(2) 试件两个受剪面的水平灰缝厚度应为 8～12mm。

(3) 下列部位不应布设测点：门、窗洞口侧边 120mm 范围内；后补的施工洞口和经修补的砌体；独立砖柱和窗间墙。

(4) 同一墙体的各测点之间，水平方向净距应不小于 1.5mm，垂直方向净距应不小于 0.5mm，且不应在同一水平位置或纵向位置。

7.5.3 测试设备的技术指标

1. 原位剪切仪的主机为一个附有活动承压钢板的小型千斤顶。
2. 原位剪切仪的主要技术指标应符合表 7-6 的规定。

表 7-6 原位剪切仪主要技术指标

项目	指标	
	75 型	150 型
额定推力（kN）	75	150
相对测量范围（%）	20～80	
额定行程（mm）	>20	
示值相对误差（%）	±3	

3. 原位剪切仪的力值应每半年校准一次。

7.5.4 试验步骤

1. 安放原位剪切仪的孔洞，应开在墙体边缘的远端或中部。当采用带有上部压应力 σ_0 作用的测试方案时，应按要求将剪切试件相邻一端的一块砖掏出，清除四周的灰缝，制备出安放主机的孔洞。原位单砖双剪法孔洞的截面尺寸，普通砖不得小于 115mm×65mm，多孔砖砌体不得小于 115mm×110mm。原位双砖双剪法孔洞的截面尺寸，普通砖不得小于 240mm×65mm，多孔砖砌体不得小于 240mm×110mm。应掏空、清除剪切试件另一端的竖缝。

2. 当采用释放试件上部压应力的试验方案时，尚应掏空试件顶部两皮砖之一的一条水平灰缝，掏空范围由剪切试件的两端向上按 45°角扩散至第三皮灰缝，掏空长度应大于 620mm，深度应大于 240mm。

3. 试件两端的灰缝应清理干净。开凿清理过程中，严禁扰动试件；如发现被推砖块有明显缺棱掉角或上、下灰缝有明显松动现象时，应舍去该试件。被推砖的承压面应平整，如不平时应用扁砂轮等工具磨平。

4. 测试时，将剪切仪主机放入开凿好的孔洞中，并应使仪器的承压板与试件的砖块顶面重合，仪器轴线与砖块轴线吻合。若开凿孔洞过长，应在仪器尾部另加垫块。

5. 操作剪切仪，应匀速施加水平荷载，直至试件和砌体之间相对位移，试件达到破坏状态。加荷的全过程宜为 1～3min。

6. 记录试件破坏时剪切仪测力计的最大读数，精确至 0.1 个分度值。采用无量纲指示仪表的剪切仪时，还应按剪切仪的校准结果换算成以 N 为单位的破坏荷载。

7.5.5 数据分析

1. 烧结普通砖试件沿通缝截面的抗剪强度，应按下式计算：

$$f_{vij} = \frac{0.32 N_{Vij}}{A_{Vij}} - 0.7 \sigma_{ij} \tag{7-7}$$

式中 A_{Vij}——第 i 个测区第 j 个测点单个受剪截面的面积（mm²）；
　　σ_{ij}——第 i 个测区第 j 个测点上部墙体的压应力（MPa），当忽略上部压应力作用或释放上部压应力时，取为0。

2. 烧结多孔砖试件沿通缝截面的抗剪强度，应按下式计算：

$$f_{vij} = \frac{0.29 N_{Vij}}{A_{Vij}} - 0.7 \sigma_{ij} \qquad (7-8)$$

3. 测区的砌体沿通缝截面抗剪强度平均值，应按公式（7-6）计算。

7.6　推出法

7.6.1　概述

推出法主要测定推出力和砂浆饱满度两项参数，据此推定砌筑砂浆抗压强度，它综合反映了砌筑砂浆的质量状况和施工质量水平，与我国现行的施工规范及工程质量评定标准相结合，较为适合我国国情。该方法是河南省建筑科学研究院研究的，并编制了河南省地方标准，在此基础上，纳入标准GB/T 50315。

推出法适用于推定240mm厚的烧结普通砖、烧结多孔砖、蒸压灰砂砖或蒸压粉煤灰砖墙体中的砌筑砂浆强度，所测砂浆的强度宜为1.0～15.0MPa。其他砖采用推出法检测还需建立专用测强曲线或通过试验验证。

7.6.2　一般规定

1. 检测时，将推出仪安放在墙体的孔洞内。推出仪由钢制部件、传感器、推出力峰值测定仪等组成。
2. 选择测点应符合下列要求：
（1）测点宜均匀布置在墙上，并避开施工中的预留洞口。
（2）被推丁砖的承压面可采用砂轮磨平，并清理干净。
（3）被推丁砖下的水平灰缝厚度应为8～12mm。
（4）测试前，被推丁砖应编号，并详细记录墙体的外观情况。

7.6.3　测试设备的技术指标

1. 推出仪的主要技术指标，应符合表7-7的要求。

表7-7　推出仪的主要技术指标

项目	指标	项目	指标
额定推力（kN）	30	额定行程（mm）	80
相对测量范围（%）	20～80	示值相对误差（%）	±3

2. 力值显示仪器（或仪表）应符合下列要求：
（1）最小分辨值为0.05kN，力值范围为0～30kN。
（2）具有测力峰值保持功能。

(3) 仪器读数显示稳定，在 4h 内的读数漂移应小于 0.05kN。

3. 推出仪的力值应每年校准一次。

7.6.4 试验步骤

1. 取出被推丁砖上部的两块顺砖，应遵守下列规定：

(1) 使用冲击钻在被推丁砖上部的水平灰缝外侧打出约 40mm 的孔洞。

(2) 用锯条锯开被推丁砖上部的水平灰缝。

(3) 将扁铲打入上一层灰缝，取出两块顺砖。

(4) 用锯条锯切被推丁砖两侧的竖向灰缝，直至下皮砖顶面。

(5) 开洞及清缝时，不得扰动被推丁砖。

2. 安装推出仪，用尺测量前梁两端与墙面距离，使其误差小于 3mm。传感器的作用点，在水平方向应位于被推丁砖中间；铅垂方向应距被推丁砖下表面之上的距离，普通砖应为 15mm，多孔砖应为 40mm。

3. 旋转加荷螺杆对试件施加荷载，加荷速度宜控制在 5kN/min。当被推丁砖和砌体之间发生相对位移时，应认定试件达到破坏状态。记录推出力 N_{ij}。

4. 取下被推丁砖，用百格网测试砂浆饱满度 B_{ij}。

7.6.5 数据分析

1. 单个测区的推出力平均值，应按下式计算：

$$N_i = \xi_{3i} \frac{1}{n_1} \sum_{j=1}^{n_1} N_{ij} \tag{7-9}$$

式中 N_i——第 i 个测区的推出力平均值（kN），精确至 0.01kN；

N_{ij}——第 i 个测区第 j 块测试砖的推出力峰值（kN）；

ξ_{3i}——砖品种的修正系数，对烧结普通砖和烧结多孔砖，取 1.00，对蒸压灰砂砖或蒸压粉煤灰砖，取 1.14。

2. 测区的砂浆饱满度平均值，应按下式计算：

$$B_i = \frac{1}{n_1} \sum_{j=1}^{n_1} B_{ij} \tag{7-10}$$

式中 B_i——第 i 个测区的砂浆饱满度平均值以小数计；

B_{ij}——第 i 个测区第 j 块测试砖下的砂浆饱满度实测值，以小数计。

3. 当测区的砂浆饱满度平均值不小于 0.65 时，测区的砂浆强度平均值，应按下列公式计算：

$$f_{2i} = 0.3 \, (N_i/\xi_{4i})^{1.19} \tag{7-11}$$

$$\xi_{4i} = 0.45 B_i^2 + 0.90 B_i \tag{7-12}$$

式中 f_{2i}——第 i 个测区的砂浆强度平均值（MPa）；

ξ_{4i}——推出法的砂浆强度饱满度修正系数，以小数计。

当测区的砂浆饱满度平均值小于 0.65 时，不宜按上述公式计算砂浆强度，宜选用其他方法推定砂浆强度。

砂浆强度推定详见第 2 章 2.4 节。

7.7 筒压法

7.7.1 概述

筒压法是由山西省第四建筑工程公司等 10 个单位试验研究成功的测试砂浆强度的方法，并编制了山西省地方标准。在此基础上，经试验验证，纳入标准 GB/T 50315。

筒压法所用的设备、仪器、工具，一般建材试验室均已具备。其中的承压筒可自行加工。

为保证所取砂浆试样的质量较为稳定，避免外部环境及碳化等因素的影响，提高制备粒径大于 5mm 试样的成品率，规定只取距墙面 20mm 以内的水平灰缝的砂浆，且砂浆片厚度不得小于 5mm。取样的具体数量，以足够制备 3 个标准试样并略有富余为准。

7.7.2 一般规定

1. 本方法适用于推定烧结普通砖或烧结多孔砖砌体中的砌筑砂浆强度。不适用于推定高温、长期浸水、遭受火灾、环境侵蚀等砌筑砂浆的强度。检测时，应从砖墙中抽取砂浆试样，在试验室内进行筒压荷载试验，测试筒压比，然后换算为砂浆抗压强度。

2. 筒压法所测试的砂浆品种及其强度范围，应符合下列要求：

(1) 砂浆品种可以是中、细砂配制的水泥砂浆，特细砂配制的水泥砂浆，中、细砂配制的水泥石灰混合砂浆，中、细砂配制的水泥粉煤灰砂浆，石灰石质石粉砂与中、细砂混合配制的水泥石灰混合砂浆和水泥砂浆。

(2) 砂浆强度为 (2.5～20) MPa；

7.7.3 测试设备的技术指标

1. 承压筒可用普通碳素钢或合金钢自行制作，也可用测定轻骨料筒压强度的承压筒代替。

2. 水泥跳桌技术指标，应符合现行国家标准《水泥胶砂流动度测定方法》(GB/T 2419) 的有关规定。

3. 其他设备和仪器包括：(50～100) kN 压力试验机或万能材料试验机；砂摇筛机；干燥箱；孔径为 5mm、10mm、15mm（或边长为 4.75mm、9.5mm、16mm）的标准砂石筛（包括筛盖和底盘）；水泥跳桌；称量为 1000g、感量为 0.1g 的托盘天平。

7.7.4 试验步骤

1. 在每一测区，从距墙表面 20mm 以内的水平灰缝中凿取砂浆约 4000g，砂浆片（块）的最小厚度不得小于 5mm。各个测区的砂浆样品应分别放置并编号，不得混淆。

2. 使用手锤击碎样品，筛取 5～15mm 的砂浆颗粒约 3000g，在 105±5℃ 的温度下烘干至恒重，待冷却至室温后备用。

3. 每次取烘干样品约 1000g，置于孔径 5mm、10mm、15mm（或边长为 4.75mm、9.5mm、16mm）标准筛所组成的套筛中，机械摇筛 2min 或手工摇筛 1.5min。称取粒级5~10mm（4.75~9.5mm）和10~15mm（9.5~16mm）的砂浆颗粒各250g，混合均匀后即一个试样。共制备三个试样。

4. 每个试样应分两次装入承压筒。每次约装1/2，在水泥跳桌上跳振5次，第二次装料并跳振后，整平表面，安上承压盖。

如无水泥跳桌，可按照砂、石紧密体积密度的试验方法颠击密实。

5. 将装料的承压筒置于试验机上，应再次检查承压筒内的砂浆试样表面是否平整；盖上承压盖，开动压力试验机，并应按（0.5~1.0）kN/s加荷速度或20~40s内均匀加荷至规定的筒压荷载值后，立即卸荷。不同品种砂浆的筒压荷载值分别为：

（1）水泥砂浆、石粉砂浆应为20kN；

（2）特细砂水泥砂浆应为10kN；

（3）水泥石灰混合砂浆、粉煤灰砂浆应为10kN。

6. 施加荷载过程中，出现承压盖倾斜状况时，应立即停止测试，并应检查承压盖是否受损（变形），以及承压筒内砂浆试样表面是否平整。出现承压盖受损（变形）情况时，应更换承压盖，并重新制备试样测试。

7. 将施压后的试样倒入由孔径5mm（4.75mm）和10mm（9.5mm）标准筛组成的套筛中，应装入摇筛机摇筛2min或手工摇筛1.5min，筛至每隔5s的筛出量基本相等。

8. 应称量各筛筛余试样的重量（精确至0.1g），各筛的分计筛余量和底盘剩余量的总和，与筛分前的试样重量相比，相对差值不得超过试样重量的0.5%，当超过时，应重新进行测试。

7.7.5 数据分析

1. 标准试样的筒压比，应按下式计算：

$$\eta_{ij}=\frac{t_1+t_2}{t_1+t_2+t_3} \tag{7-13}$$

式中 η_{ij}——第i个测区中第j个试样的筒压比，以小数计；

t_1、t_2、t_3——分别为孔径5mm、10mm、15mm筛的分计筛余量和底盘中剩余量。

2. 测区的砂浆筒压比，应按下式计算：

$$\eta_i=1/3（\eta_{i1}+\eta_{i2}+\eta_{i3}） \tag{7-14}$$

式中 η_i——第i个测区的砂浆筒压比平均值，以小数计，精确至0.01；

η_{i1}、η_{i2}、η_{i3}——分别为第i个测区三个标准砂浆试样的筒压比。

3. 根据筒压比，测区的砂浆强度平均值应按下列公式计算：

水泥砂浆：

$$f_{2i}=34.58\eta_i^{2.06} \tag{7-15}$$

水泥石灰混合砂浆：

$$f_{2i}=6.1\eta_i+11.0\eta_i^2 \tag{7-16}$$

粉煤灰砂浆：

$$f_{2i}=2.52-9.4\eta_i+32.8\eta_i^2 \tag{7-17}$$

石粉砂浆：

$$f_{2i}=2.7-13.9\eta_i+44.9\eta_i^2 \tag{7-18}$$

特细砂水泥砂浆：

$$f_{2i}=21.36\eta_i^{3.07} \tag{7-19}$$

7.8 砂浆片剪切法

7.8.1 概述

砂浆片剪切法是宁夏回族自治区建筑科学研究院研究的一种取样测试方法，通过测试砂浆片的抗剪强度，换算为相当于标准砂浆试块的抗压强度。

试验研究表明，砂浆品种、砂子粒径、龄期等因素对本方法的测试无显著影响。

7.8.2 一般规定

1. 本方法适用推定烧结普通砖或烧结多孔砖砌体中的砌筑砂浆强度。检测时，应从砖墙中抽取砂浆片试样，采用砂浆测强仪测试其抗剪强度，然后换算为砂浆强度。

2. 从每个测点处，宜取出两个砂浆片，一片用于检测，另一片备用。

7.8.3 测试设备的技术指标

1. 砂浆测强仪的主要技术指标应符合表7-8的要求。

表7-8　砂浆测强仪主要技术指标

项目		指标
上下刀片刃口厚度（mm）		1.80±0.02
上下刀片中心间距（mm）		2.2±0.05
试验荷载 NV 范围（N）		40～1400
示值相对误差（%）		±3
刀片行程	上刀片（mm）	>30
	下刀片（mm）	>3
刀片刃口面平面度（mm）		0.02
刀片刃口面棱角线直线度（mm）		0.02
刀片刃口棱角垂直度（mm）		0.02
刀片刃口硬度（HRC）		55～58

2. 砂浆测强标定仪的主要技术指标应符合表7-9的要求。

表7-9　砂浆测强标定仪主要技术指标

项目	指标
标定荷载范围（N）	40～1400
示值相对误差（%）	±1
作用点偏离下刀片中心面距离（mm）	±0.2

3. 砂浆测强仪的力值应每半年校准一次。

7.8.4 试验步骤

1. 制备砂浆片试件，应遵守下列规定：

（1）从测点处的单块砖大面上取下的原状砂浆大片，应编号，分别放入密封袋（如塑料袋）内。

（2）一个测区的墙面尺寸宜为 0.5m×0.5m。同一个测区的砂浆片，应加工成尺寸接近的片状体，大面、条面均匀平整，单个试件的各向尺寸宜为：厚度 7~15mm，宽度 15~50mm，长度按净跨度不小于 22mm 确定。

（3）试件加工完毕，应放入密封袋内。

2. 砂浆试件含水率，应与砌体正常工作时的含水率基本一致。如试件呈冻结状态，应缓慢升温解冻，并在与砌体含水率接近的条件下试验。

3. 砂浆试件的剪切试验，应遵守下列程序：

（1）调平砂浆测强仪，使水准泡居中；

（2）将砂浆试件置于砂浆测强仪内，并用上刀片压紧；

（3）开动砂浆测强仪，对试件匀速连续施加荷载，加荷速度不宜大于 10N/s，直至试件破坏。

4. 试件未沿刀片刃口破坏时，此次试验作废，应取备用试件补测。

5. 试件破坏后，应记读压力表指针读数，并根据砂浆测强仪的校准结果换算成剪切荷载值。

6. 用游标卡尺或最小刻度为 0.5mm 的钢板尺量测试件破坏截面尺寸，应每个方向量测两次，并应分别取平均值。

7.8.5 数据分析

1. 砂浆试件的抗剪强度，应按下式计算：

$$\tau_{ij} = 0.95 \frac{V_{ij}}{A_{ij}} \tag{7-20}$$

式中 τ_{ij}——第 i 个测区第 j 个砂浆试件的抗剪强度（MPa）；

V_{ij}——试件的抗剪荷载值（N）；

A_{ij}——试件破坏截面面积（mm²）。

2. 测区的砂浆抗剪强度平均值，应按下式计算：

$$\tau_i = \frac{1}{n_1} \sum_{j=1}^{n_1} \tau_{ij} \tag{7-21}$$

式中 τ_i——第 i 个测区的抗剪强度平均值（MPa）。

3. 测区的砂浆抗压强度平均值，应按下式计算：

$$f_{2i} = 7.17 \tau_i \tag{7-22}$$

4. 当测区的砂浆抗剪强度低于 0.3MPa 时，应对上式的计算结果乘以表 7-10 的修正系数。

表 7-10 低强砂浆的修正系数表

τ_i (MPa)	>0.30	0.25	0.20	<0.15
修正系数	1.00	0.86	0.75	0.35

砂浆强度推定详见第 2 章 2.4 节。

7.9 点荷法

7.9.1 概述

点荷法属取样测试方法，由中国建筑科学研究院研究成功并提供给标准 GB/T 50315 编制组。经统一组织的验证性考核试验，其测试结果与标准砂浆试块强度吻合性较好。

对于其他块材砌体中的砂浆强度，点荷法未进行专门试验，所以仅限于推定烧结普通砖砌体中的砌筑砂浆强度。

7.9.2 一般规定

1. 点荷法适用于推定烧结普通砖砌体中的砌筑砂浆强度。检测时，应从砖墙中抽取砂浆片试样，采用砂浆点荷仪测试其点荷载值，然后换算为砂浆强度。

2. 从每个测点处，宜取出两个砂浆大片，一片用于检测，另一片备用。

7.9.3 仪器设备

测试设备应采用额定压力较小的压力试验机，最小量程应在 50kN 以内。

压力试验机的加荷附件，应符合下列要求：

（1）钢质加荷头应为内角为 60°的圆锥体，锥底直径应为 40mm，锥体高度应为 30mm；锥体的头部应为半径 5mm 的截球体，锥球高度应为 3mm，其他尺寸可自定。加荷头应为 2 个。

（2）加荷头与试验机的连接方法，可根据试验机的具体情况确定，宜将连接件与加荷头设计为一个整体附件。

（3）在符合以上要求的前提下，也可采用其他专用附件或专用仪器，如砂浆强度点荷法检测仪（简称"砂浆点荷仪"）。

7.9.4 试验步骤

1. 制备试件，应遵守下列规定：

（1）从每个测点处剥离出砂浆大片。

（2）加工或选取的砂浆试件应符合下列要求：厚度为 5～12mm，预估荷载作用半径为 15～25mm，大面应平整，但其边缘不要求非常规则。

（3）在砂浆试件上画出作用点，量测其厚度，精确至 0.1mm。

2. 在小吨位压力试验机上、下压板上应分别安装上、下加荷头，两个加荷头应对齐。

3. 将砂浆试件水平放置在下加荷头上，上、下加荷头对准预先画好的作用点，并使上加荷头轻轻压紧试件，然后缓慢匀速施加荷载至试件破坏。加荷速度宜控制试件在1min左右被破坏，应记录荷载值，精确至0.1kN。

4. 将破坏后的试件拼接成原样，测量荷载实际作用点中心到试件破坏线边缘的最短距离即荷载作用半径，精确至0.1mm。

7.9.5 数据分析

1. 砂浆试件的抗压强度换算值，应按下列公式计算：

$$f_{2ij} = (33.3\xi_{5ij}\xi_{6ij}N_{ij} - 1.1)^{1.09} \tag{7-23}$$

$$\xi_{5ij} = 1/(0.05r_{ij} + 1) \tag{7-24}$$

$$\xi_{6ij} = 1/[0.03t_{ij}(0.1t_{ij} + 1) + 0.4] \tag{7-25}$$

式中 N_{ij}——点荷载值（kN）；

ξ_{5ij}——荷载作用半径修正系数；

ξ_{6ij}——试件厚度修正系数；

r_{ij}——荷载作用半径（mm）；

t_{ij}——试件厚度（mm）。

2. 测区的砂浆抗压强度平均值，应按下式计算：

$$f_{2i} = \frac{1}{n_1}\sum_{j=1}^{n_1} f_{2ij} \tag{7-26}$$

砂浆强度推定详见第2章2.4节。

7.10 砌体强度推定

砌筑砂浆抗压强度推定已在第2章2.4节进行详细介绍，山东省地方标准与标准GB/T 50315—2011要求一致。依据标准GB/T 50315—2011，本节介绍砌体强度的推定计算。

7.10.1 平均值、标准差及变异系数

现场检测的各种检测方法，应给出每个测点的检测强度值 f_{ij}，每一测区的强度平均值，并以此测区各测点强度平均值作为此测区的砌体强度代表值。每一检测单元的强度平均值、标准差和变异系数，应分别按下列公式计算：

$$\mu_f = \frac{1}{n_2}\sum_{j=1}^{n_2} f_{cu,i} \tag{7-27}$$

$$s = \sqrt{\frac{\sum_{i=1}^{n_2}(\mu_f - f_{cu,i})^2}{n_2 - 1}} \tag{7-28}$$

$$\delta = \frac{s}{\mu_f} \tag{7-29}$$

式中 μ_f——同一检测单元的砌体强度平均值（MPa），当检测砌体抗压强度时，μ_f 即

f_m，当检测砌体抗剪强度时，μ_f 即 $f_{v,m}$；

n_2——同一检测单元的测区数；

$f_{cu,i}$——第 i 测区的砌体强度代表值；

s——同一检测单元，按 n_2 个测区计算的强度标准差（MPa）；

δ——同一检测单元的强度变异系数。

7.10.2 异常值判断和处理

异常值的判断和处理应依据现行国家标准《数据的统计处理和解释 正态样本异常值的判断和处理》（GB 4883）中格拉布斯检验法，详见第 2 章 2.4.2 节和 2.4.3 节。

7.10.3 强度推定

标准 GB/T 50315—2011 规定，当需要推定每一检测单元的砌体抗压强度标准值或砌体沿通缝截面的抗剪强度标准值时，应分别按下列要求进行推定：

1. 当测区数 n_2 不小于 6 时：

$$f_k = f_m - ks \tag{7-30}$$

$$f_{v,k} = f_{v,m} - ks \tag{7-31}$$

式中 f_k——砌体抗压强度标准值（MPa）；

f_m——同一检测单元的砌体抗压强度平均值（MPa）；

$f_{v,k}$——砌体抗剪强度标准值（MPa）；

$f_{v,m}$——同一检测单元的砌体沿通缝截面的抗剪强度平均值（MPa）；

C——置信水平，取 $C=0.60$；

k——与 α、C、n_2 有关的强度标准值计算系数，见表 6-4；

α——确定强度标准值所取的概率分布下分位数，本规程取 $\alpha=0.05$。

2. 当测区数 n_2 小于 6 时：

$$f_k = f_{mi,\min} \tag{7-32}$$

$$f_{v,k} = f_{vi,\min} \tag{7-33}$$

式中 $f_{mi,\min}$——同一检测单元中，测区砌体抗压强度最小值（MPa）；

$f_{vi,\min}$——同一检测单元中，测区砌体抗剪强度最小值（MPa）。

3. 砌体结构检测一般采用控制变异系数的方法，考虑砌体结构本身离散性较大，标准 GB 50315—2011 中规定：砌体抗压强度检测结果中变异系数 δ 不宜大于 0.2；砌体抗剪强度检测结果中变异系数 δ 不宜大于 0.25；砌筑砂浆抗压强度检测结果中变异系数 δ 不宜大于 0.35。

4. 当检测单元的砌体抗压强度检测结果中变异系数 δ 大于 0.2 时，或者检测单元的砌体抗剪强度检测结果中变异系数 δ 大于 0.25 时，不宜直接按公式（7-30）或公式（7-31）计算，应检查检测结果离散性较大的原因，若查明检测样本来自不同母体，宜重新划分检测批，分别进行统计计算。如确系变异系数过大，则应按公式（7-32）或公式（7-33）确定强度推定值。

5. 各种检测强度的最终计算或推定结果，砌体抗压强度和抗剪强度均应精确至 0.01MPa，砌筑砂浆抗压强度应精确至 0.1MPa。

第 8 章 工程应用实例分析

8.1 回弹法检测实例

8.1.1 单个构件检测计算

例1：2012年9月，某在建砌体工程主体验收前，建设单位发现二层某烧结黏土砖墙体砌筑砂浆较疏松，怀疑砌筑砂浆强度不足，要求检测砌筑砂浆强度。现场调查，所检墙体厚240mm，长4.8m，高2.8m，砌筑砂浆为混合砂浆，设计强度等级为M7.5，采用符合国家标准的R32.5普通硅酸盐水泥，中砂，自然养护，龄期3个月。

1. 检测

此墙体砌筑砂浆符合《回弹法检测砌筑砂浆抗压强度技术规程》（DB37/T 2367—2022）适用条件，按规程要求确定测区。墙体面积 4.8×2.8＝13.44m²＜25m²，按单个构件布置3个测区，测区沿墙高均匀分布图8-1所示。

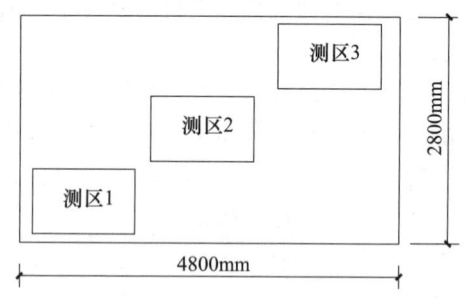

图 8-1 测区布置示意图

2. 原始记录

单个构件检测原始记录见表 8-1。

表 8-1 回弹法检测砌筑砂浆强度原始记录

检测依据	《回弹法检测砌筑砂浆强度技术规程》(DB37/T 2367—2022)												样品编号	—
砂浆种类	混合	设计强度等级		M7.5		砂浆状态		干燥				施工日期	2012.9	
试验编号	测区位置	回弹值												碳化深度 (mm)
		1	2	3	4	5	6	7	8	9	10	11	12	
—	二层 A-B× 4轴	21	26	20	18	19	23	20	22	24	23	22	20	8.0
		19	20	25	23	22	17	24	22	20	21	22	24	8.0
		23	28	19	20	15	22	21	18	19	20	24	23	8.0

3. 计算

(1) 每一测区的 12 个回弹值中，分别剔除 1 个最大值和 1 个最小值，余下 10 个回弹值平均得测区的平均回弹值，精确至 0.1。

(2) 工程施工时间为 2012 年 9 月，应按《建筑砂浆基本性能试验方法标准》(JGJ/T 70—2009) 要求制作试块，按《砌体结构工程施工质量验收规范》(GB 50203—2011) 验收，由回弹平均值、碳化深度值计算测区强度换算值。

(3) 取测区强度换算值的最小值为砌筑砂浆强度推定值，见表 8-2。

表 8-2　回弹法检测砌筑砂浆强度计算结果

试验编号	测区位置	回弹值												碳化深度 (mm)	回弹平均值	测区强度换算值 (MPa)	强度推定值 (MPa)
		1	2	3	4	5	6	7	8	9	10	11	12				
—	二层 A-B× 4 轴	18	19	20	20	20	21	22	22	23	23	24	26	8.0	21.4	5.2	5.2
—		17	19	20	20	21	22	22	22	23	24	24	25	8.0	21.7	5.4	
—		18	18	19	20	20	21	22	23	23	23	24	28	8.0	21.4	5.2	

8.1.2　按批抽样检测计算

例 2：某烧结多孔砖砌体结构教学楼 1999 年建造，现三层部分墙体出现裂缝，建设单位要求检测三层砌筑砂浆强度。现场调查，砌筑砂浆为混合砂浆，设计强度等级为 M7.5，采用符合国家标准的 R32.5 普通硅酸盐水泥，中砂，自然养护。为减少对结构损伤，确定采用回弹法检测。该工程三层平面如图 8-2 所示，层高 3300mm。

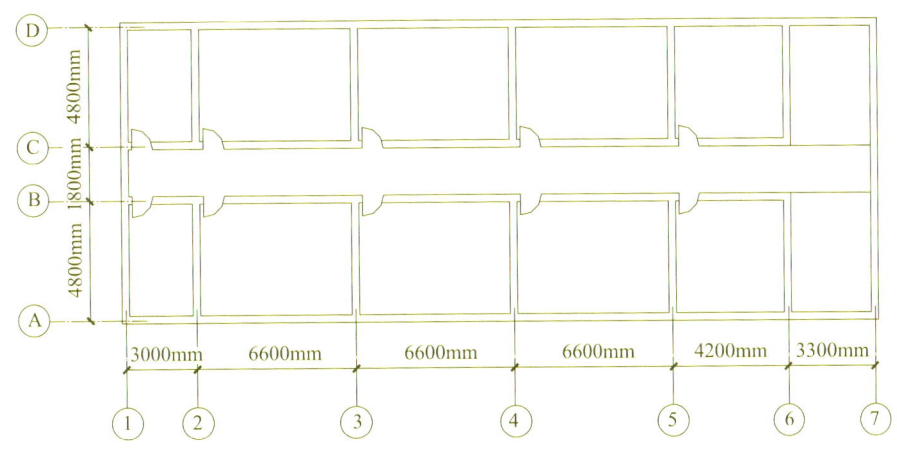

图 8-2　三层平面图

1. 检测

三层作为一个检测批，墙体总数为 38 个，按《回弹法检测砌筑砂浆抗压强度技术规程》(DB37/T 2367—2022)，抽测构件最小数量为 13 个，随机抽测 14 面墙体，每面墙体布置 1~3 个测区。

2. 原始记录

原始记录见表 8-3。

3. 计算

（1）每一测区的 12 个回弹值中，分别剔除 1 个最大值和 1 个最小值，余下 10 个回弹值平均得测区的平均回弹值，精确至 0.1。

（2）工程施工时间为 1999 年，应按《建筑砂浆基本性能试验方法》（JGJ 70—1990）要求制作试块，按《砌体工程施工及验收规范》（GB 50203—1998）验收，由回弹平均值计算测区强度换算值，计算测区强度换算值的平均值、标准差和变异系数。

（3）按格拉布斯准则，进行异常数据检验；

（4）计算砌筑砂浆强度推定值。

表 8-3　回弹法检测砌筑砂浆强度原始记录

检测依据	《回弹法检测砌筑砂浆强度技术规程》（DB37/T 2367—2022）												样品编号	—
砂浆种类	混合	设计强度等级		M7.5		砂浆状态		干燥			施工日期			1999 年
试验编号	测区位置	回弹值											碳化深度（mm）	
		1	2	3	4	5	6	7	8	9	10	11	12	
—	1×A-B	20	23	24	16	18	20	20	20	24	24	26	26	10.0
—	1×A-B	26	28	30	20	23	24	25	26	32	32	36	36	10.0
—	2×C-D	27	28	28	23	24	26	26	27	30	30	33	36	10.0
—	2-3×A	28	28	31	21	23	24	26	28	32	32	34	36	10.0
—	2-3×C	28	29	30	22	24	26	27	28	30	32	34	36	10.0
—	3-4×D	24	26	28	20	23	24	24	28	30	31	32	32	10.0
—	3×A-B	22	25	26	16	16	17	20	22	26	26	27	30	10.0
—	4×C-D	22	23	24	16	21	22	22	22	24	25	26	28	10.0
—	5×A-B	21	21	24	17	21	21	21	21	24	25	26	27	10.0
—	6×C-D	24	25	26	16	16	17	22	24	25	26	28	30	10.0
—	7×A-B	26	26	27	21	21	22	24	25	28	31	33	34	10.0
—	7×C-D	26	26	26	16	22	22	24	24	26	26	30	30	10.0
—	4-5×A	26	26	26	18	19	21	22	23	27	30	30	36	10.0
—	5-6×B	22	24	26	16	17	17	18	22	26	28	28	32	10.0
—	6-7×D	20	22	26	18	19	20	20	20	26	26	26	26	10.0

表 8-4　回弹法检测砌筑砂浆强度计算结果

测区位置	回弹值												碳化深度（mm）	回弹平均值	强度换算值（MPa）
	1	2	3	4	5	6	7	8	9	10	11	12			
1×A-B	16	18	20	20	20	20	23	24	24	24	26	26	10.0	21.9	5.7
1×A-B	20	23	24	25	26	26	28	30	32	32	36	36	10.0	28.2	9.5
2×C-D	23	24	26	26	27	27	28	28	30	30	33	36	10.0	27.9	9.3
2-3×A	21	23	24	26	28	28	31	32	32	34	36		10.0	28.4	9.6
2-3×C	22	24	26	27	28	28	29	30	32	34	36		10.0	28.8	9.9
3-4×D	20	20	23	24	24	24	26	28	30	30	32		10.0	25.8	7.9

续表

测区位置	回弹值												碳化深度(mm)	回弹平均值	强度换算值(MPa)
	1	2	3	4	5	6	7	8	9	10	11	12			
3×A-B	16	16	17	20	22	22	25	26	26	26	27	30	10.0	22.7	6.1
4×C-D	16	21	22	22	22	23	23	24	24	25	26	28	10.0	23.2	6.4
5×A-B	17	21	21	21	21	21	24	24	24	25	26	27	10.0	22.5	6.0
6×C-D	16	16	17	21	23	24	25	25	26	26	28	30	10.0	22.9	6.3
7×A-B	21	21	22	24	24	26	26	27	28	31	33	34	10.0	26.3	8.2
7×C-D	16	22	22	24	24	26	26	26	26	30	30	30	10.0	25.2	7.6
4-5×A	18	19	21	22	24	24	27	30	30	30	36	—	10.0	25.0	7.5
5-6×B	16	17	17	18	22	24	24	24	28	28	32	—	10.0	22.4	6.0
6-7×D	18	19	20	20	20	22	26	26	26	26	26	—	10.0	22.5	6.0

强度计算（MPa）	$m_{f_{cu}} = \dfrac{\sum_{i=1}^{n} f_{cu,i}}{n} = 7.5$	$S_{f_{cu}} = \sqrt{\dfrac{\sum_{i=1}^{n}(f_{cu,i})^2 - n(m_{f_{cu}})^2}{n-1}} = 1.53$
变异系数	\multicolumn{2}{c}{$\delta = \dfrac{S_{f_{cu}}}{m_{f_{cu}}} = 0.20$}
异常值判断处理	\multicolumn{2}{l}{$G_n = (f_{cu,n} - m_{f_{cu}})/S_{f_{cu}} = (9.9-7.5)/1.53 = 1.569$；$G'_n = (m_{f_{cu}} - f_{cu,1})/S_{f_{cu}} = (7.5-5.7)/1.53 = 1.176$；当 $n=15$ 时，查表得，$G_{0.975} = 2.549$，$G_{0.995} = 2.806$，判断无离群值}
强度推定值（MPa）	\multicolumn{2}{l}{在国家标准《砌体结构工程施工质量验收规范》(GB 50203—2011)实施前建设的工程：$f_{cu,e} = \min\{m_{f_{cu}}, 1.33 f_{cu,\min}\} = \min\{7.5, 7.6\} = 7.5$}

例3：某混凝土多孔砖砌体结构住宅楼2013年主体施工完毕，建设单位要求检测一层砌筑砂浆强度。现场调查，砌筑砂浆为混合砂浆，设计强度等级为M10，采用符合国家标准的R32.5普通硅酸盐水泥，中砂，自然养护，龄期4个月，层高为3300mm。为减少对结构损伤，确定采用回弹法检测。

1. 检测

此工程一层作为一个检测批，墙体总数为52个，依据《回弹法检测砌筑砂浆抗压强度技术规程》(DB37/T 2367—2022)第6.1.3条，抽测构件最小数量为20个，随机抽测20面墙体，每面墙体布置1个测区。

2. 原始记录

记录格式见例2的记录表，具体数据略。

3. 计算

（1）每一测区的12个回弹值中，分别剔除1个最大值和1个最小值，余下10个回弹值平均得测区的平均回弹值，精确至0.1。

（2）由回弹平均值、碳化深度值计算测区强度换算值，计算测区强度换算值的平均值、标准差和变异系数。

（3）按格拉布斯准则，进行异常数据检验。

(4) 计算砌筑砂浆强度推定值。回弹法检测砌筑砂浆强度计算结果详见表8-5。

表8-5 回弹法检测砌筑砂浆强度计算结果

测区编号	1	2	3	4	5	6	7	8	9	10
测区回弹平均值	25.6	26.8	23.4	22.9	25.8	26.5	23.7	27.3	24.6	26.8
碳化深度（mm）	7.0	7.0	8.0	10.0	7.0	7.0	8.0	6.0	6.0	5.0
测区强度换算值（MPa）	7.8	8.6	6.3	6.0	7.9	8.4	6.5	8.3	6.8	8.3
测区编号	11	12	13	14	15	16	17	18	19	20
测区回弹平均值	22.6	25.2	26.0	27.5	24.3	25.9	26.4	27.9	25.1	26.1
碳化深度（mm）	9.0	7.0	7.0	7.0	9.0	8.0	7.0	7.0	7.0	7.0
测区强度换算值（MPa）	5.9	7.5	8.0	9.1	6.9	8.0	8.3	9.4	7.4	8.1
强度计算（MPa）	$m_{f_{cu}} = \dfrac{\sum_{i=1}^{n} f_{cu,i}}{n} = 7.7$					$S_{f_{cu}} = \sqrt{\dfrac{\sum_{i=1}^{n}(f_{cu,i})^2 - n(m_{f_{cu}})^2}{n-1}} = 0.99$				
变异系数	$\delta = \dfrac{S_{f_{cu}}}{m_{f_{cu}}} = 0.99/7.7 = 0.13$									
异常值判断处理	$G_n = (f_{cu,n} - m_{f_{cu}})/S_{f_{cu}} = (9.4-7.7)/0.99 = 1.717$；$G'_n = (m_{f_{cu}} - f_{cu,1})/S_{f_{cu}} = (7.7-5.9)/0.99 = 1.818$；当 $n=20$ 时，查表得，$G_{0.975} = 2.709$，$G_{0.995} = 3.001$，判断无离群值									
强度推定值（MPa）	按国家标准《砌体结构工程施工质量验收规范》（GB 50203—2011）实施建设的工程：$f_{cu,e} = \min\{0.91 m_{f_{cu}}, 1.18 f_{cu,min}\} = \min\{0.91 \times 7.7, 1.18 \times 5.9\} = 7.0$									

8.2 贯入法检测实例

8.2.1 单个构件检测计算

例4：2013年施工某砖混结构住宅楼，主体验收时，质检部门要求对一层4×A-B轴墙体砌筑砂浆强度进行非破损检测，建筑单位与施工单位协商采用贯入法进行检测。现场调查，所检墙体厚240mm，长4.2m，高3.0m，砌筑砂浆为混合砂浆，设计强度等级为M7.5，采用符合国家标准的R32.5普通硅酸盐水泥，中砂，自然养护，龄期2个月。

1. 检测

墙体砌筑砂浆符合《贯入法检测砌筑砂浆抗压强度技术规程》（DB37/T 2363—2022）适用条件，按规程要求确定测区。墙体面积 $4.2m \times 3.0m = 12.6m^2 < 25m^2$，按单个构件检测布置3个测区。

2. 原始记录

单个构件检测原始记录见表8-6。

表 8-6 贯入法检测砌筑砂浆强度原始记录

检测依据	《贯入法检测砌筑砂浆抗压强度技术规程》(DB37/T 2363—2022)									样品编号				—		
砂浆品种	混合		设计强度等级		M7.5		施工日期		2013.4.20		试验编号			—		
构件名称	测区		贯入深度测量表读数（mm）													
			1	2	3	4	5	6	7	8	9	10	11	12	13	14	15	16
一层4×A-B轴墙体	1	d_0	0.56	1.02	0.50	0.35	0.64	0.28	0.26	0.18	0.22	0.54	0.60	0.36	0.35	0.42	0.28	0.22
	1	d'	5.23	6.02	5.15	5.20	6.24	5.62	5.48	4.76	5.82	5.54	5.33	5.34	4.98	5.67	5.10	4.96
	2	d_0	0.36	0.51	0.62	0.18	0.25	0.29	0.31	0.54	0.32	0.37	0.21	0.15	0.08	0.10	0.19	
	2	d'	5.30	5.48	4.85	4.92	5.32	5.50	5.21	6.08	5.12	5.23	5.16	5.18	5.01	5.11	4.98	5.06
	3	d_0	0.24	0.32	0.15	0.12	0.36	0.45	0.35	0.33	0.52	0.63	0.20	0.18	0.42	0.16	0.62	0.55
	3	d'	5.38	5.26	5.44	4.85	4.95	5.65	5.21	5.21	5.68	5.15	5.42	5.66	5.18	5.45	5.60	

3. 计算

（1）每一测点的贯入深度值 d' 减去砂浆表面不平整度读数 d_0 得到测点贯入深度值 d_j，每个测区 16 个贯入深度值剔除 3 个最大值和 3 个最小值，余下 10 个值平均得测区的贯入深度平均值，精确至 0.01mm。

（2）工程施工时间为 2013 年，应按《建筑砂浆基本性能试验方法标准》（JGJ/T 70—2009）要求制作试块，按《砌体结构工程施工质量验收规范》（GB 50203—2011）验收，由贯入深度值计算测区强度换算值，见表 8-7。

（3）取测区强度换算值的最小值为砌筑砂浆强度推定值。

表 8-7 计算结果

测区		贯入深度值（mm）																贯入深度平均值(mm)	强度换算值(MPa)	强度推定值(MPa)
		1	2	3	4	5	6	7	8	9	10	11	12	13	14	15	16			
1	d_1	4.67	5.00	4.65	4.85	5.60	5.34	5.22	4.58	5.60	5.00	4.73	4.98	4.63	5.25	4.82	4.74	4.98	7.4	
2	d_2	4.94	4.97	4.23	4.74	5.07	5.21	4.90	5.54	4.84	4.91	4.79	4.97	4.86	5.03	4.88	4.87	4.92	7.6	7.2
3	d_3	5.14	4.94	5.29	4.73	4.59	5.20	5.67	5.30	4.69	5.05	4.95	5.24	5.24	5.02	4.83	5.15	5.06	7.2	

8.2.2 按批抽样检测计算

例 5：某烧结普通砖砌体结构教学楼 2003 年建造，现欲加层，建设单位要求检测三层砌筑砂浆强度。现场调查，砌筑砂浆为混合砂浆，层高为 3300mm，设计强度等级为 M5，采用符合国家标准的 R32.5 普通硅酸盐水泥，中砂，自然养护，为减少对结构损伤，确定采用贯入法检测。该工程三层平面图如图 8-3 所示。

1. 检测

墙体砌筑砂浆符合《贯入法检测砌筑砂浆抗压强度技术规程》（DB37/T 2363—2022）适用条件，按此规程要求，把三层作为一个检测批，墙体总数为 38 个，抽测构件最小数量应为 13 个。随机抽测 14 面墙体，每面墙体布置 1～3 个测区。

2. 原始记录

按批检测原始记录见表 8-8。

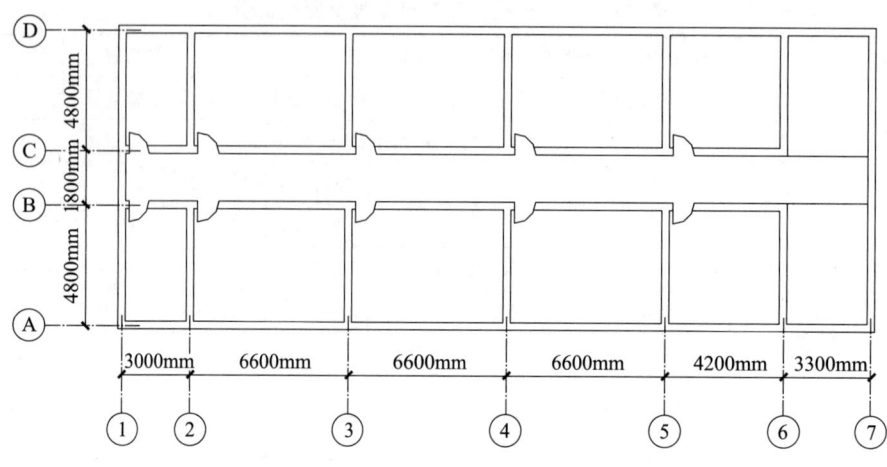

图 8-3 三层平面图

表 8-8 贯入法检测砌筑砂浆强度原始记录

检测依据	《贯入法检测砌筑砂浆抗压强度技术规程》(DB37/T 2363—2022)									样品编号			—			
砂浆种类	混合		设计强度等级		M5		砂浆状态		干燥、潮湿		施工日期		2003.5			
测区位置	贯入深度测量表读数(mm)															
	1	2	3	4	5	6	7	8	9	10	11	12	13	14	15	16
1×A-B	5.70	7.09	5.80	5.20	6.80	6.55	8.80	5.33	9.22	6.80	6.10	4.11	5.41	7.49	4.66	5.88
1×A-B	6.02	5.77	6.33	5.33	5.42	5.11	4.71	7.50	4.90	7.22	6.08	5.88	5.67	5.48	6.22	5.78
2×C-D	7.11	6.55	5.77	4.76	3.62	5.33	5.22	5.88	5.44	5.22	6.76	4.66	4.90	5.88	5.72	5.67
2-3×A	6.80	6.55	5.44	5.33	5.22	5.70	6.08	5.80	5.20	5.22	6.76	4.66	4.90	5.88	5.72	5.67
2-3×C	5.42	5.11	4.71	7.50	4.90	6.02	5.77	6.33	5.33	6.80	6.10	6.11	5.41	4.70	4.66	5.88
3-4×D	3.62	5.33	5.22	5.88	5.44	7.11	6.55	5.77	4.76	7.22	6.08	5.88	5.67	5.48	6.22	5.78
3×A-B	7.57	5.33	9.08	6.80	6.10	6.11	8.49	5.88	8.34	7.70	5.70	6.08	5.80	9.14	6.80	6.55
4×C-D	4.71	7.50	4.90	7.22	6.08	5.88	5.41	4.70	4.66	5.88	6.02	5.77	6.33	5.33	5.42	5.11
5×A-B	5.22	5.88	5.44	5.22	6.76	4.66	5.67	5.48	6.22	5.78	7.11	6.55	5.77	4.76	3.62	5.33
6×C-D	6.08	5.80	5.20	5.22	6.76	4.66	5.41	4.70	4.66	5.88	6.80	6.55	5.44	5.33	5.22	5.70
7×A-B	5.77	6.33	5.33	6.80	6.10	6.11	5.67	6.22	5.78	5.42	5.11	4.71	7.50	4.90	6.02
7×C-D	6.55	5.77	4.76	7.22	6.08	5.88	4.90	5.88	5.72	5.67	3.62	5.33	5.22	5.88	5.44	7.11
4-5×A	4.76	7.22	6.08	5.88	5.67	5.48	6.22	5.78	6.08	5.80	5.20	6.80	6.55	5.44	5.33
5-6×B	6.22	9.47	7.11	6.55	5.77	7.58	8.68	5.33	7.11	6.55	5.77	8.72	6.18	5.33	8.65	5.88
6-7×D	4.66	5.88	6.80	6.55	5.44	5.33	5.22	5.70	6.80	6.55	5.33	5.22	5.70	6.08	5.80

3. 计算

（1）每一测区的 16 个贯入深度测量表读数中，分别剔除 3 个最大值和 3 个最小值，余下 10 个值平均得测区的平均贯入深度测量表读数，计算出测区贯入深度值，精确至 0.01mm。

（2）工程施工时间为 2003 年，应按《建筑砂浆基本性能试验方法》(JGJ 70—1990)

要求制作试块，按《砌体结构工程施工质量验收规范》（GB 50203—2002）验收，由测区贯入深度值计算测区强度换算值，进而计算测区强度换算值的平均值、标准差和变异系数。计算结果见表8-9、表8-10。

（3）按格拉布斯准则，进行异常数据检验。
（4）计算砌筑砂浆强度推定值。

表8-9 贯入法检测砌筑砂浆强度计算结果1

测区位置	贯入深度平均值（mm）	强度换算值（MPa）
1×A-B	6.15	5.3
1×A-B	5.76	6.1
2×C-D	5.50	6.6
2-3×A	5.61	6.4
2-3×C	5.60	6.4
3-4×D	5.75	6.1
3×A-B	6.79	4.4
4×C-D	5.58	6.5
5×A-B	5.60	6.4
6×C-D	5.53	6.6
7×A-B	5.79	6.0
7×C-D	5.69	6.2
4-5×A	5.81	6.0
5-6×B	6.76	4.4
6-7×D	5.72	6.2

表8-10 贯入法检测砌筑砂浆强度计算结果2

换算值平均值（MPa）	6.0
换算值标准差（MPa）	0.71
变异系数	0.12
异常值判断处理	$G_n = (f_{cu,n} - m_{f_{cu}})/s_{f_{cu}} = (6.6 - 6.0)/0.71 = 0.845$；$G'_n = (m_{f_{cu}} - f_{cu,1})/s_{f_{cu}} = (6.0 - 4.4)/0.71 = 2.254$；当 $n=15$ 时，查表得，$G_{0.975}=2.549$，$G_{0.995}=2.806$，判断无离群值
强度推定值（MPa）	在国家标准《砌体结构工程施工质量验收规范》（GB 50203—2011）实施前建设的工程：$f_{cu,e} = \min\{m_{f_{cu}}, 1.33 f_{cu,\min}\} = \min\{6.0, 1.33 \times 4.4\} = 5.9$

例6：2013年某蒸压粉煤灰砖砌体结构教学楼主体施工完毕，建设单位要求检测二层砌筑砂浆强度。现场调查，砌筑砂浆为混合砂浆，设计强度等级为M7.5，采用符合国家标准的R32.5普通硅酸盐水泥，中砂，自然养护，龄期2个月，层高为3300mm。为减少对结构损伤，确定采用贯入法检测。

1. 检测

墙体砌筑砂浆符合《贯入法检测砌筑砂浆抗压强度技术规程》（DB37/T 2363—

2022）适用条件，按此规程要求，把二层作为一个检测批，墙体总数为 36 个，抽测构件最小数量应为 13 个。随机抽测 18 面墙体，每面墙体布置 1 个测区。

2. 原始记录

记录格式见例 5 的记录表，具体数据略。

3. 计算

（1）每一测区的 16 个贯入深度测量表读数中，分别剔除 3 个最大值和 3 个最小值，余下 10 个值平均得测区的平均贯入深度测量表读数，计算出测区贯入深度值，详见表 8-11。

（2）工程施工时间为 2013 年，应按《建筑砂浆基本性能试验方法标准》（JGJ/T 70—2009）要求制作试块，按《砌体结构工程施工质量验收规范》（GB 50203—2011）验收，由测区贯入深度值计算测区强度换算值，进而计算测区强度换算值的平均值、标准差和变异系数。

（3）按格拉布斯准则，进行异常数据检验。

（4）计算砌筑砂浆强度推定值。

表 8-11 贯入法检测砌筑砂浆强度计算结果

测区编号	1	2	3	4	5	6	7	8	9
测区强度换算值（MPa）	5.5	4.6	5.5	6.1	7.1	7.0	7.0	6.9	5.8
测区编号	10	11	12	13	14	15	16	17	18
测区强度换算值（MPa）	5.7	6.4	6.5	7.5	7.7	6.8	2.6	5.7	6.6
换算值平均值（MPa）	6.2									
换算值标准差（MPa）	1.20									
变异系数	0.19									
	$G_n = (f^c_{cu,n} - m_{f^c_{cu}}) / s_{f^c_{cu}} = (7.7 - 6.2)/1.20 = 1.250$									
	$G'_n = (m_{f^c_{cu}} - f^c_{cu,1}) / s_{f^c_{cu}} = (6.2 - 2.6)/1.20 = 3.000$									
	当 $n=18$ 时，查表得，$G_{0.975}=2.651$，$G_{0.995}=2.932$，$G'_n > G_n$，且 $G'_n > G_{0.995} = 3.000$，故 $f^c_{cu,1}=2.6$MPa 为统计离群值，分析检测数据，应剔除									
剔除统计离群值后									
换算值平均值（MPa）	6.4									
换算值标准差（MPa）	0.82									
变异系数	0.13									
	$G_n = (f^c_{cu,n} - m_{f^c_{cu}}) / s_{f^c_{cu}} = (7.7 - 6.4)/0.82 = 1.585$									
	$G'_n = (m_{f^c_{cu}} - f^c_{cu,1}) / s_{f^c_{cu}} = (6.4 - 4.6)/0.82 = 2.195$									
	当 $n=17$ 时，查表得，$G_{0.975}=2.620$，$G_{0.995}=2.894$，$G'_n > G_n$，且 $G'_n < G_{0.975} = 2.620$，故无离群值									
强度推定值（MPa）	按国家标准《砌体结构工程施工质量验收规范》（GB 50203—2011）实施建设的工程：$f_{cu,e} = \min\{0.91 m_{f_{cu}}, 1.18 f_{cu,\min}\} = \min\{0.91 \times 6.4, 1.18 \times 4.6\} = 5.4$									

（5）异常数据说明：该检测批中出现一个统计离群值，测区编号为 16，检测批强度推定时此测区数据被剔除，此测区砌筑砂浆强度换算值为 2.6MPa。

8.3 砂浆片局压法检测实例

8.3.1 单个构件检测计算

例7：2013年某砖混结构住宅楼，主体验收时，质检部门要求对一层 1×A-B 轴墙体砌筑砂浆强度进行检测，建筑单位与施工单位协商采用砂浆片局压法进行检测。现场调查，所检墙体厚 240mm，长 4.8m，高 3.0m，砌筑砂浆为混合砂浆，设计强度等级为 M10，采用符合国家标准的 R32.5 普通硅酸盐水泥，中砂，自然养护，龄期 2 个月。

1. 检测

墙体砌筑砂浆符合《砂浆片局压法检测砌筑砂浆抗压强度技术规程》(DB37/T 2369—2022)适用条件，按规程要求确定测区。墙体面积 $4.2 \times 3.0 = 12.6 m^2 < 25 m^2$，按单个构件检测布置 3 个测区。

2. 原始记录

单个构件检测原始记录见表 8-12。

3. 计算

(1) 每一测区的 6 个试件分别计算局压强度，从该测区 6 个局压强度值中剔除一个最大值和一个最小值，计算出每个测区局压强度平均值，精确至 0.01mm。

(2) 工程施工时间为 2013 年，应按《建筑砂浆基本性能试验方法标准》(JGJ/T 70—2009)要求制作试块，按《砌体结构工程施工质量验收规范》(GB 50203—2011)验收，由测区局压强度平均值代入公式，计算测区砂浆强度换算值。

(3) 取测区强度换算值的最小值为砌筑砂浆强度推定值，详见表 8-12。

表 8-12 砂浆片局压法检测原始记录及强度计算

测区编号	测点编号	试样厚度平均值(mm)	试样最小直径(mm)	局压仪示值	破坏荷载(N)	厚度换算系数	局压强度(MPa)	测区局压强度平均值(MPa)	砂浆强度换算值(MPa)	砂浆强度推定值(MPa)
1	1	10.5	36	148	1450	0.95	17.57	16.70	11.7	11.7
	2	11.0	38	136	1333	0.91	15.41			
	3	10.2	40	150	1470	0.98	18.34			
	4	10.2	38	142	1392	0.98	17.36			
	5	10.5	39	136	1333	0.95	16.15			
	6	10.4	37	128	1254	0.96	15.34			
2	1	9.8	35	152	1490	1.02	19.34	18.21	13.0	
	2	9.8	38	138	1352	1.02	17.56			
	3	9.6	33	145	1421	1.04	18.84			
	4	9.7	36	168	1646	1.03	21.60			
	5	9.5	37	122	1196	1.05	16.02			
	6	10.2	35	130	1274	0.98	15.89			

续表

测区编号	测点编号	试样厚度平均值(mm)	试样最小直径(mm)	局压仪示值	破坏荷载(N)	厚度换算系数	局压强度(MPa)	测区局压强度平均值(MPa)	砂浆强度换算值(MPa)	砂浆强度推定值(MPa)
3	1	10.5	41	154	1509	0.95	18.29	17.67	12.5	11.7
	2	10.2	35	125	1225	0.98	15.28			
	3	9.9	36	137	1343	1.01	17.26			
	4	9.8	34	146	1431	1.02	18.58			
	5	10.2	33	170	1666	0.98	20.78			
	6	9.6	38	122	1196	1.04	15.85			

8.3.2 按批抽样检测计算

例8：某烧结普通砖砌体结构教学楼2004年建造，现建设单位要求检测三层砌筑砂浆强度，现场调查，砌筑砂浆为混合砂浆，设计强度等级为M10，采用符合国家标准的R32.5普通硅酸盐水泥，中砂，自然养护，要求采用砂浆片局压法检测。该工程三层，层高为3300mm，共有墙体构件24个。

1. 检测

墙体砌筑砂浆符合《砂浆片局压法检测砌筑砂浆抗压强度技术规程》(DB37/T 2369—2022)适用条件，按此规程要求，把三层作为一个检测批，墙体总数为24个，抽测构件最小数量应为8个。随机抽测10面墙体，每面墙体布置1个测区，原始数据见表8-13。

表8-13 砂浆片局压法检测原始数据

测区编号	测点编号	试样厚度(mm)	试样最小直径(mm)	局压仪示值	破坏荷载(N)	厚度换算系数	局压强度(MPa)	测区局压强度平均值(MPa)	砂浆强度换算值(MPa)
1	1	10.5	36	128	1254	0.95	15.20	15.28	11.3
	2	11.0	38	136	1333	0.91	15.41		
	3	10.2	40	120	1176	0.98	14.67		
	4	10.2	38	122	1196	0.98	14.91		
	5	10.5	39	136	1333	0.95	16.15		
	6	10.4	37	128	1254	0.96	15.34		
2	1	9.8	35	152	1490	1.02	19.34	16.70	12.5
	2	9.8	38	138	1352	1.02	17.56		
	3	9.6	33	125	1225	1.04	16.24		
	4	9.7	36	118	1156	1.03	15.17		
	5	9.5	37	122	1196	1.05	16.02		
	6	10.2	35	130	1274	0.98	15.89		

续表

测区编号	测点编号	试样厚度(mm)	试样最小直径(mm)	局压仪示值	破坏荷载(N)	厚度换算系数	局压强度(MPa)	测区局压强度平均值(MPa)	砂浆强度换算值(MPa)
3	1	10.5	41	115	1127	0.95	13.65	15.46	11.5
	2	10.2	35	125	1225	0.98	15.28		
	3	9.9	36	137	1343	1.01	17.26		
	4	9.8	34	126	1235	1.02	16.03		
	5	10.2	33	120	1176	0.98	14.67		
	6	9.6	38	122	1196	1.04	15.85		
4	1	8.7	42	108	1058	1.15	15.49	16.37	12.2
	2	9.0	38	125	1225	1.11	17.33		
	3	8.7	36	116	1137	1.15	16.64		
	4	8.5	43	120	1176	1.18	17.62		
	5	9.2	45	112	1098	1.09	15.19		
	6	8.6	40	110	1078	1.16	15.96		
5	1	9.6	35	115	1127	1.04	14.94	14.95	11.1
	2	8.8	37	108	1058	1.14	15.31		
	3	9.4	36	105	1029	1.06	13.93		
	4	8.7	38	118	1156	1.15	16.92		
	5	9.2	35	102	1000	1.09	13.83		
	6	9.3	34	110	1078	1.07	14.75		
6	1	9.5	36	108	1058	1.05	14.18	13.90	10.2
	2	10.0	35	116	1137	1.00	14.47		
	3	10.2	36	110	1078	0.98	13.45		
	4	9.6	34	102	1000	1.04	13.25		
	5	9.5	36	106	1039	1.05	13.92		
	6	10.4	37	118	1156	0.96	14.15		
7	1	8.5	42	108	1058	1.18	15.86	16.82	12.6
	2	8.2	35	126	1235	1.22	19.18		
	3	9.2	36	127	1245	1.09	17.22		
	4	9.8	44	130	1274	1.02	16.54		
	5	9.2	33	120	1176	1.09	16.27		
	6	9.6	38	122	1196	1.04	15.85		
8	1	8.5	40	126	1235	1.18	18.50	17.27	13.0
	2	9.0	38	130	1274	1.11	18.02		
	3	9.2	36	116	1137	1.09	15.73		
	4	9.2	40	122	1196	1.09	16.54		
	5	8.8	39	135	1323	1.14	19.14		
	6	8.6	35	108	1058	1.16	15.67		

续表

测区编号	测点编号	试样厚度（mm）	试样最小直径（mm）	局压仪示值	破坏荷载（N）	厚度换算系数	局压强度（MPa）	测区局压强度平均值（MPa）	砂浆强度换算值（MPa）
9	1	8.6	38	115	1127	1.16	16.69	13.35	9.7
	2	8.8	40	86	843	1.14	12.19		
	3	9.0	35	105	1029	1.11	14.56		
	4	8.7	42	90	882	1.15	12.91		
	5	9.0	38	96	941	1.11	13.31		
	6	9.3	34	78	764	1.07	10.46		
10	1	8.5	38	118	1156	1.18	17.33	15.72	11.7
	2	9.2	36	120	1176	1.09	16.27		
	3	9.9	41	110	1078	1.01	13.86		
	4	9.8	42	130	1274	1.02	16.54		
	5	10.2	44	115	1127	0.98	14.06		
	6	9.6	38	125	1225	1.04	16.24		

2. 计算

（1）每一测区的 6 个试件分别计算局压强度，计算出每个测区局压强度平均值，精确至 0.01mm。

（2）工程施工时间为 2004 年，应按《建筑砂浆基本性能试验方法》（JGJ/T 70—1990）要求制作试块，按《砌体结构工程施工质量验收规范》（GB 50203—2011）验收，由测区局压强度平均值代入公式，计算测区砂浆强度换算值。

（3）根据各测区强度换算值，进而计算测区强度换算值的平均值、标准差和变异系数。

（4）按格拉布斯准则，进行异常数据检验。

（5）计算砌筑砂浆强度推定值，详见表 8-14。

表 8-14 砂浆片局压法检测数据处理

测区编号	1	2	3	4	5	6	7	8	9	10
测区强度换算值（MPa）	11.3	12.5	11.5	12.2	11.1	10.2	12.6	13.0	9.7	11.7
换算值平均值（MPa）	11.6									
换算值标准差（MPa）	1.12									
变异系数	0.10									
	$G_n = (f_{cu,n} - m_{f_{cu}}^c)/s_{f_{cu}}^c = (13.0 - 11.6)/1.12 = 1.250$									
	$G'_n = (m_{f_{cu}}^c - f_{cu,1})/s_{f_{cu}}^c = (11.6 - 9.7)/1.12 = 1.696$									
	当 $n=10$ 时，查表 2-2 得，$G_{0.975}=2.290$，$G_{0.995}=2.482$，判断无离群值									
强度推定值（MPa）	国家标准《砌体结构工程施工质量验收规范》（GB 50203—2011）实施前建设的工程：$f_{cu,e} = \min\{m_{f_{cu}}, 1.33 f_{cu,\min}\} = \min\{11.6, 1.33 \times 9.7\} = 11.6$									

8.4 砌体钻芯法检测实例

8.4.1 单个构件检测计算

例9：2012年7月建造单层砖混结构变电站，采用混凝土多孔砖MU10，砌筑砂浆为混合砂浆，设计强度等级为M5，建设方要求对砌体抗剪强度和砌筑砂浆抗压强度进行检测，经协商决定，采用砌体钻芯法检测砌体抗剪强度和砌筑砂浆抗压强度。砌筑砂浆采用符合国家标准的R32.5普通硅酸盐水泥，中砂，砌体自然养护，龄期1个月。

1. 检测及记录

此砌体符合《钻芯法检测砌体抗剪强度及砌筑砂浆强度技术规程》（DB37/2371—2022）适用条件，按规程要求确定测区。此单层砖混结构变电站两间房，共有墙体7个，按单个构件检测，抽测A×①～②轴墙体和B×②～③轴墙体，每面墙体沿墙高布置3个测点，每个测点钻取一个砌体芯样，将芯样修补后，在压力试验机上进行芯样抗剪强度检测，认真测量芯样受剪破坏面尺寸，计算出每个芯样的抗剪强度，详见表8-15。

表8-15 钻芯法检测砌体抗剪强度及砌筑砂浆强度原始记录

构件名称及位置	芯样编号	上宽（mm）	下宽（mm）	高（mm）	剪力（kN）	受剪面积（mm²）	芯样抗剪强度（MPa）
A×①～②轴墙体	1	165	160	236	32.5	38350	0.424
	2	141	175	232	28.6	36656	0.390
	3	151	165	235	35.0	37130	0.471
B×②～③轴墙体	4	150	170	240	27.7	38400	0.361
	5	151	154	233	30.2	35533	0.425
	6	155	185	238	36.2	40460	0.447

2. 计算

（1）工程施工时间为2012年7月，应按《建筑砂浆基本性能试验方法标准》（JGJ/T 70—2009）要求制作试块，按《砌体结构工程施工质量验收规范》（GB 50203—2011）验收，将芯样抗剪强度代入第6章表6-1测强公式，计算出标准砌体抗剪强度换算值和砌筑砂浆强度换算值。

（2）单个构件检测强度推定值计算详见表8-16。

表8-16 钻芯法检测砌体抗剪强度及砌筑砂浆强度计算

构件名称及位置	芯样编号	芯样抗剪强度（MPa）	砌体抗剪强度换算值（MPa）	砂浆抗压强度换算值（MPa）	砌体抗剪强度推定值（MPa）	砂浆抗压强度推定值（MPa）
A×①～②轴墙体	1	0.424	0.40	7.4	0.38	6.7
	2	0.390	0.38	6.7		
	3	0.471	0.43	8.4		

续表

构件名称及位置	芯样编号	芯样抗剪强度（MPa）	砌体抗剪强度换算值（MPa）	砂浆抗压强度换算值（MPa）	砌体抗剪强度推定值（MPa）	砂浆抗压强度推定值（MPa）
B×②~③轴墙体	4	0.361	0.35	6.1	0.35	6.1
	5	0.425	0.40	7.4		
	6	0.447	0.41	7.9		

8.4.2 按批抽样检测计算

例10：某砌体结构住宅楼于2013年进行主体施工，采用蒸压粉煤灰普通砖MU10，砌筑砂浆为混合砂浆，设计强度等级为M7.5，为验证蒸压粉煤灰普通砖砌体设计强度值，设计单位要求检测一层砌体抗剪强度，经协商决定，采用砌体钻芯法检测砌体抗剪强度。一层共有墙体54面，砌筑砂浆采用符合国家标准的R32.5普通硅酸盐水泥，中砂，龄期2个月。

1. 检测及记录

此砌体符合《钻芯法检测砌体抗剪强度及砌筑砂浆强度技术规程》(DB37/T 2371—2022)适用条件，检测目的是验证蒸压粉煤灰普通砖设计强度值，确定检测类别为B，墙体总数为54面，抽测构件最小数量应为13。现场随机选择15面墙体，每面墙体布置1个测点，每个测点钻取一个砌体芯样，将芯样修补后，在压力试验机上进行芯样抗剪强度检测，认真测量芯样破坏受剪面尺寸，计算出每个芯样的抗剪强度，详见表8-17。

表8-17 钻芯法检测砌体抗剪强度原始记录

构件名称及位置	芯样编号	上宽（mm）	下宽（mm）	高（mm）	剪力（kN）	受剪面积（mm²）	芯样抗剪强度（MPa）
一层墙体	1	165	160	236	21.1	38350	0.275
	2	141	175	232	22.0	36656	0.300
	3	151	165	235	41.9	37130	0.564
	4	161	155	235	23.0	37130	0.310
	5	150	170	240	40.3	38400	0.525
	6	151	154	233	21.5	35533	0.303
	7	155	167	238	22.2	38318	0.290
	8	160	169	240	39.7	39480	0.503
	9	162	167	233	20.9	38329	0.273
	10	147	171	237	35.8	37683	0.475
	11	165	171	238	27.3	39984	0.341
	12	165	160	236	30.6	38350	0.399
	13	160	171	237	31.0	39224	0.395
	14	165	158	236	26.5	38114	0.348
	15	165	160	236	29.8	38350	0.389

2. 计算

(1) 根据测区芯样抗剪强度值代入公式地标 DB37/T 2371—2022 中公式（6），计算测区砌体抗剪强度换算值。

(2) 根据各测区砌体抗剪强度换算值，计算测区强度换算值的平均值、标准差和变异系数。

(3) 按格拉布斯准则，进行异常数据检验。

(4) 计算砌体抗剪强度推定值，详见表 8-18。

表 8-18 钻芯法检测砌体抗剪强度计算

构件名称及位置	砌体抗剪强度换算值（MPa）	砌体抗剪强度（MPa）
一层墙体	0.21	平均值：$m_{f_v}=0.26$ 标准差：$s_{f_v}=0.052$ 变异系数：$\delta=0.20$ $G_n=(f_{cu,n}-m_f)/s_f=(0.36-0.26)/0.052=1.923$ $G'_n=(m_f-f_{cu,1})/s_f=(0.26-0.21)/0.052=0.961$ 当 $n=15$ 时，查表 2-2 得，$G_{0.975}=2.549$，$G_{0.995}=2.806$，判断无离群值。 推定值： 当 $n=15$ 时，查表 6-4 得，$k=1.790$ $f_{v,k}=m_{f_v}-ks_{f_v}=0.26-1.790\times0.052=0.17$
	0.22	
	0.36	
	0.23	
	0.34	
	0.22	
	0.22	
	0.33	
	0.21	
	0.32	
	0.24	
	0.28	
	0.27	
	0.25	
	0.27	

3. 检测结论

依据《砌体结构设计规范》（GB 50003—2011）中表 3.2.2 蒸压粉煤灰普通砖 MU10、混合砂浆 M7.5 对应砌体抗剪强度设计值为 0.10MPa。

依据《砌体结构设计规范》（GB 50003—2011）中第 4.1.5 条，按施工质量控制等级为 B 级考虑，砌体的强度设计值，$f=f_k/\gamma_f=0.17/1.6=0.11\text{MPa}>0.10\text{MPa}$，即实测砌体抗剪强度大于《砌体结构设计规范》（GB 50003—2011）计算指标，判断此工程一层砌体抗剪强度满足设计要求。

8.5 原位轴压法检测实例

例 11：某砌体结构办公楼，设计六层，采用机制烧结普通砖 MU15，砌筑砂浆为混合砂浆，一层砂浆设计强度等级为 M7.5，施工至三层楼层上部 2m 位置时，因一层预留砂浆试块强度不符合验收要求，监督单位要求检测一层砌体抗压强度，经协商决定，采用原位轴压法检测砌体抗压强度，此建筑层高均 3.0m，一层及标准层平面简图如图 8-4 所示。

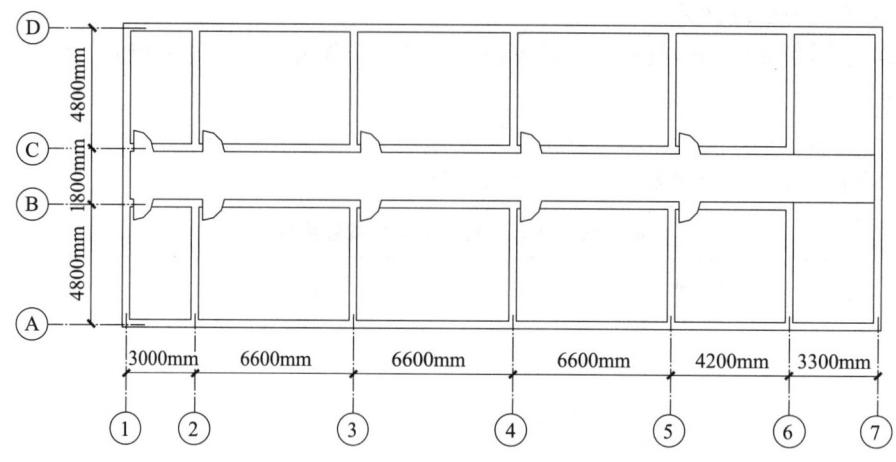

图 8-4 一层及标准层平面简图

1. 检测及记录

此砌体符合《砌体工程现场检测技术标准》(GB/T 50315—2011) 适用条件，依据此标准，一层砌体是一个独立的检测单元，测区不宜少于 6 个，以单个构件作为一个测区。现场选择受力较大的 6 面墙体，每面墙体布置 1 个测区，此工程楼面现浇混凝土板均 100mm 厚。检测原始记录详见表 8-19。

表 8-19 原位轴压法检测砌体抗压强度记录

测点	1	2	3	4	5	6
测区位置	B×②～③	C×②～③	B×③～④	C×③～④	B×④～⑤	C×④～⑤
开裂荷载 (kN)	275	300	325	275	300	275
破坏荷载 (kN)	450	475	520	475	500	490
破坏强度 (MPa)	7.81	8.25	9.03	8.25	8.68	8.51
强度换算系数	1.37	1.37	1.37	1.37	1.37	1.37
标准砌体强度 (MPa)	5.70	6.02	6.59	6.02	6.34	6.21

表 8-20 原位轴压法检测砌体抗压强度数据处理

强度计算	平均值 $\mu_f = \dfrac{1}{n_2}\sum_{j=1}^{n_2} f_{cu,i} = 6.15$ (MPa)	标准差 $s = \sqrt{\dfrac{\sum_{i=1}^{n_2}(\mu_f - f_{cu,i})^2}{n_2 - 1}} = 0.306$ (MPa)	变异系数 $\delta = \dfrac{s}{\mu_f} = 0.05$
离群值判断	$G_n = (f_{cu,n} - m_f)/s_f = (6.59 - 6.15)/0.306 = 1.438$ $G'_n = (m_f - f_{cu,1})/s_f = (6.15 - 5.70)/0.306 = 1.471$ 当 $n=6$ 时，查表得，$G_{0.975}=1.887$，$G_{0.995}=1.973$，判断无离群值		
砌体抗压强度标准值	$f_k = f_m - ks = 6.15 - 1.947 \times 0.306 = 5.55$ (MPa)		

2. 测点上部压应力计算

主体施工过程中，结构未做装修施工，检测时活荷载为 0，被测墙体仅承受结构自重，如图 8-4 所示，各测点上部压应力相同。测点处标高±1.00m。

测点上部压应力计算，取单位宽度墙体。

墙体自重 $19\text{kN/m}^3 \times (6.0+1.0-0.45-0.2-0.48)\text{m} \times 0.24\text{m} = 26.767\text{kN/m}$

圈梁自重 $25\text{kN/m}^3 \times 0.24\text{m} \times 0.24\text{m} \times 2 = 2.880\text{kN/m}$

楼板自重 $25\text{kN/m}^3 \times (2.4\text{m} \times 0.1\text{m}+0.9 \times 0.1\text{m}) \times 2 = 16.500\text{kN/m}$

上部压应力 $\sigma_0 = (26.767+2.880+16.500)/0.24 = 192\text{kN/m}^2 = 0.192\text{MPa}$

测点上部压应力换算系数 $\xi_{1ij} = 1.25+0.60 \times \sigma_{0ij} = 1.25+0.60 \times 0.192 = 1.3652$

3. 砌体抗压强度计算

将槽间砌体抗压强度换算为标准砌体抗压强度，得到测区砌体抗压强度，计算检测单元砌体抗压强度平均值、标准差和变异系数，判断是否有离群数据。

根据检测单元砌体抗压强度平均值、标准差推定检测单元砌体抗压强度标准值。

4. 检测结论

依据《砌体结构设计规范》(GB 50003—2011) 中表 3.2.1-1 烧结普通砖 MU15、混合砂浆 M7.5 对应砌体抗压强度设计值为 2.07MPa。

依据《砌体结构设计规范》(GB 50003—2011) 中第 4.1.5 条，按施工质量控制等级为 B 级考虑，砌体抗压强度设计值，$f = f_k/\gamma_f = 5.56/1.6 = 3.48\text{MPa} > 2.07\text{MPa}$，即实测砌体抗压强度大于《砌体结构设计规范》(GB 50003—2011) 计算指标，判断此工程一层砌体抗压强度满足设计要求。

8.6 筒压法检测实例

例 12：某六层砌体结构办公楼于 2012 年 6 月施工建造，采用混凝土多孔砖 MU15，主体验收时发现四层预留砂浆试块强度不符合验收要求，监督单位要求检测四层砌筑砂浆抗压强度，四层砌筑砂浆为混合砂浆，砂浆设计强度等级为 M5，经协商决定，采用筒压法检测砌筑砂浆抗压强度。

1. 检测及记录

此砌体符合《砌体工程现场检测技术标准》(GB/T 50315—2011) 适用条件，依据此标准，四层砌体是一个独立的检测单元，测区不宜少于 6 个，以单个构件作为一个测区。现场随机选择 6 面墙体，每面墙体布置 1 个测区，从距墙表面 20mm 以内的水平灰缝中凿取砂浆 4kg 按标准要求制成砂浆颗粒，装入承压筒，水泥石灰混合砂浆，筒压荷载值取 10kN。施压后试样倒入标准砂石筛中，用摇筛机摇筛，称量各筛筛余试样的重量。检测原始记录详见表 8-21。

表 8-21 筒压法检测砌筑砂浆抗压强度原始记录

试样编号	t_1 (g)	t_2 (g)	t_3 (g)	t_1+t_2 (g)	$t_1+t_2+t_3$ (g)	η_{ij}	η_i	砂浆强度换算值 (MPa)
1	91	292	115	383	498	0.77	0.62	7.94
	75	305	118	380	498	0.76		
	55	102	337	157	494	0.32		
2	50	85	361	135	496	0.27	0.50	5.75
	75	235	192	310	502	0.62		
	80	222	200	302	502	0.60		
3	86	236	176	322	498	0.65	0.65	8.69
	100	229	178	329	507	0.65		
	81	254	168	335	503	0.67		
4	71	272	155	343	498	0.69	0.61	7.76
	83	246	169	329	498	0.66		
	75	161	263	236	499	0.47		
5	64	252	183	316	499	0.63	0.67	9.01
	85	228	185	313	498	0.63		
	79	292	126	371	497	0.75		
6	65	194	240	259	499	0.52	0.61	7.74
	73	170	255	243	498	0.49		
	69	334	94	403	497	0.81		

2. 计算

(1) 根据测区砂浆强度换算值计算强度平均值、标准差和变异系数,按格拉布斯准则,进行离群数据检验。

(2) 工程施工时间为 2012 年 6 月,应按《建筑砂浆基本性能试验方法标准》(JGJ/T 70—2009) 要求制作试块,按《砌体结构工程施工质量验收规范》(GB 50203—2011) 验收,计算砌筑砂浆强度推定值,详见表 8-22。

表 8-22 筒压法检测砌筑砂浆抗压强度计算

强度计算 (MPa)	$m_{f_{cu}} = \dfrac{\sum_{i=1}^{n} f_{cu,i}}{n} = 7.82$	$S_{f_{cu}} = \sqrt{\dfrac{\sum_{i=1}^{n}(f_{cu,i})^2 - n(m_{f_{cu}})^2}{n-1}} = 1.14$
变异系数	\multicolumn{2}{l	}{ $\delta = \dfrac{S_{f_{cu}}}{m_{f_{cu}}} = 0.15$ }
异常值判断处理	\multicolumn{2}{l	}{ $G_n = (f_{cu,n} - m_{f_{cu}}^c)/S_{f_{cu}}^c = (9.01 - 7.82)/1.14 = 1.043$;$G'_n = (m_{f_{cu}}^c - f_{cu,1})/s_{f_{cu}}^c = (7.82 - 5.75)/1.14 = 1.816$;当 $n=6$ 时,查表得,$G_{0.975} = 1.887$,$G_{0.995} = 1.973$,判断无离群值 }
强度推定值 (MPa)	\multicolumn{2}{l	}{ 按国家标准《砌体结构工程施工质量验收规范》(GB 50203—2011) 建设的工程:$f_{cu,e} = \min\{0.91 m_{f_{cu}},\ 1.18 f_{cu,\min}\} = \min\{0.91 \times 7.82,\ 1.18 \times 5.75\} = 6.8$ }

参考文献

[1] 白新桂. 数据分析与试验优化设计 [M]. 北京：清华大学出版社，1986.
[2] 吴体. 砌体结构工程现场检测技术 [M]. 北京：建筑工业出版社，2012.
[3] 中国国家标准化管理委员会. 数据的统计处理和解释 正态样本离群值的判断和处理：GB/T 4883—2008 [S]. 北京：中国建筑工业出版社，2008.
[4] 全国统计方法应用标准化技术委员会. 正态分布完全样本可靠度置信下限：GB/T 4885—2009 [S]. 北京：中国建筑工业出版社，2009.
[5] 中华人民共和国住房和城乡建设部. 砌体工程现场检测技术标准：GB/T 50315—2011 [S]. 北京：中国建筑工业出版社，2011.
[6] 中华人民共和国住房和城乡建设部. 砌体结构设计规范：GB 50003—2011 [S]. 北京：中国建筑工业出版社，2011.
[7] 中华人民共和国住房和城乡建设部. 砌体结构工程施工质量验收规范：GB50203—2011 [S]. 北京：中国建筑工业出版社，2011.
[8] 中华人民共和国住房和城乡建设部. 砌体基本力学性能试验方法标准：GB/T50129—2011 [S]. 北京：中国建筑工业出版社，2011.
[9] 中华人民共和国住房和城乡建设部. 墙体材料应用统一技术规范：GB 50574—2010 [S]. 北京：中国建筑工业出版社，2010.
[10] 中华人民共和国住房和城乡建设部发布. 建筑砂浆基本性能试验方法标准：JGJ/T 70—2009 建筑规范 [S]. 北京：中国建筑工业出版社，2009.
[11] 中华人民共和国住房和城乡建设部. 建筑砂浆基本性能试验方法：JGJ70—90 [S]. 北京：中国建筑工业出版社，1991.
[12] 中华人民共和国住房和城乡建设部. 择压法检测砌筑砂浆抗压强度技术规程：JGJ/T 234—2011 [S]. 北京：中国建筑工业出版社，2011.
[13] 中华人民共和国住房和城乡建设部. 建筑结构检测技术标准：GB/T 50344—2019 [S]. 北京：中国建筑工业出版社，2004.
[14] 中华人民共和国住房和城乡建设部. 贯入法检测砌筑砂浆抗压强度技术规程：JGJ/T 136—2017 [S]. 北京：中国建筑工业出版社，2001.
[15] 中华人民共和国住房和城乡建设部. 回弹仪：JJG 817—2011 [S]. 北京：中国建筑工业出版社，2011.
[16] 中华人民共和国住房和城乡建设部. 贯入法检测砌筑砂浆抗压强度技术规程：DB37/T 2363—2022 [S]. 北京：中国建筑工业出版社，2013.
[17] 中华人民共和国住房和城乡建设部. 回弹法检测砌筑砂浆抗压强度技术规程：DB37/T 2367—2022 [S]. 北京：中国建筑工业出版社，2013.
[18] 中华人民共和国住房和城乡建设部. 砂浆片局压法检测砌筑砂浆抗压强度技术规程：DB37/T 2369—2022 [S]. 北京：中国建筑工业出版社，2013.
[19] 中华人民共和国住房和城乡建设部. 钻芯法检测砌体抗剪强度及砌筑砂浆强度技术规程：DB37/T 2371—2022 [S]. 北京：中国建筑工业出版社，2013.
[20] Cui S Q, Kong X W, Wang X, et al. Experimental Study about Testing Masonry Shear Strength with Drilled Core Method [J]. Applied Mechanics and Materials, 2012 (166-169)：1241-1244.